세계조각공원

세계조각공원

—
인쇄 2016년 6월 25일 1판 1쇄 **발행** 2016년 6월 30일 1판 1쇄

지은이 서민우·서상우 **펴낸이** 강찬석 **펴낸곳** 도서출판 미세움
주소 (07315) 서울시 영등포구 도신로51길 4
전화 02-703-7507 **팩스** 02-703-7508 **등록** 제313-2007-000133호
홈페이지 www.misewoom.com

정가 18,000원

—
이 도서의 국립중앙도서관 출판예정도서목록(CIP)은 서지정보유통지원시스템 홈페이지(http://seoji.nl.go.
kr)와 국가자료공동목록시스템(http://www.nl.go.kr/kolisnet)에서 이용하실 수 있습니다.
CIP제어번호: CIP2016014061

—
ISBN 978-89-85493-06-2 03610

잘못된 책은 구입한 곳에서 교환해 드립니다.

macs RND ins. 뮤지엄건축시리즈-09

세계조각공원

世界彫刻公園
Sculpture Garden of the World

서민우 · 서상우 공저

Misewoom

저자글 / 著者序文
「세계조각공원」을 집필하고서

조각공원彫刻公園 : Sculpture Garden이란 조각품이 뮤지엄 밖으로 나와 대중에게 좀 더 접근할 수 있다는 의미를 가지고 있다.

공원이 지니는 본래의 휴식이나 놀이기능 외에 조각품이라는 예술적 기능을 더한 예술적 가치가 있는 안식처로서 그 지역의 문화적 체험을 도모하며, 도시 활성화와 관광자원화가 가능한 곳이기도 하다.

조각품이 놓인 공원은 대중에게 쉽게 접근되어 친밀감을 주고, 오랫동안 우리들 기억에 남으며, 시민의 안식처로 활용되는바 그 좋은 예로 밀레니엄시대millennium era를 맞아 시카고의 그랜트 파크Grant Park, Chicago 일부에 야외공연장인 프리츠커 파빌리언Jay Pritzker Pavillion, 2000과 더불어 새로운 개념의 두 개의 거대한 조각을 포함시킴으로써 시카고의 새로운 랜드마크Landmark가 되었다.

또한 기업이 조각공원과 접목되어 도시민의 휴식처 역할을 도모하고 있는 대표적 사례로는 뉴욕 근교의 세계적 음료 회사인 펩시콜라Pepsi Cola 본사의 도날드 켄달 조각공원Donald M. Kendall Sculpture Garden at pepsico HQ, Purchase, NY을 들 수 있겠다.

한국에 본격적인 조각공원을 구상한다면 서울 용산의 미8군 기지 자리를 제안하고 싶다.

서울시는 이 자리를 뉴욕 맨해튼의 샌트럴 파크 Central Park와 같이 대공원으로 조성하려는 구상인데, 선진도시들의 문화풍경 culturescape 사례나 서울의 도시 활성화를 위해서도 품위 있는 조각공원으로 조성하는게 바람직 하겠다고 생각된다.

이 책을 쓰기위해 여러 해 동안 노력하였지만 여전히 부족함을 느끼며, 못다 실린 사례들은 차후에 보완하기로 한다.
 또한 이 책의 총체적인 체계와 내용은 조각공원의 유형 typology별 특성과 사례분석을 통하여, 이 방면의 전공자나 뮤지엄 운영자 그리고 뮤지엄과 조각품을 사랑하는 모든 이에게 큰 도움이 되길 기대한다.

이 책을 출간하는데 기꺼이 응해주신 미세움 강찬석 사장님과 임혜정 부장님께 감사드리며, 가천대학교 겸임교수 박종구 박사의 도움에 감사한다.
 그 밖에도 많은 도움을 주신 분들께도 감사드린다.

서민우 徐旻佑

서상우 徐商雨

From the Authors

After writing the 「Sculpture Garden of the World」

A Sculpture Garden is where art objects are set out of their traditional museum settings, becoming more intimate to the public through improved access. Sculpture Gardens also provide the potential for urban vitalization, for tourism, and for the promotion of local culture, all of which add to the function of sculptures as art objects by contributing relaxation and leisure activities.

Because an easily-accessible sculpture garden has been a long-standing tradition in urban design, good examples of successful projects are plentiful: In 2000, the new concept for Grant Park in the City of Chicago included two enormous sculptures in addition to the Jay Pritzker Pavilion, enabling Grant Park to become Chicago's newest landmark. In Purchase, New York, the Donald M. Kendall Sculpture Garden at Pepsi Cola headquarters serves as a good example of how private enterprise can play an important role in creating an artistic environment that provides a close connection to the public.

I would like to propose a major and prestigious sculpture garden in the planned urban park for the military base of the Eighth United States Army, Yongsan, in Seoul; the Seoul Metropolitan Government planned this area for a grand urban park, similar to Central Park in New York. A sculpture garden for this park will highly encourage urban rejuvenation for Seoul, and furthermore, provide a premier example of an enhanced Culturescape to major cities in the world.

I have put a great effort to write this book for many years, but there are still loose ends. This book mainly consists of the analysis of sculpture gardens' characteristics, along with their typology. It is my intention that the overall structure and contents of this book will be a great help for those employed in related fields such as museum operations, urban design, real estate development, and others who have interest in sculpture gardens and art.

Grateful appreciation is due to the Miseum Publishing Company's Chairman Mr. Kang Chan-seok and his Director Ms. Lim Hye-Jeong, who generously accepted the publication of this book; to Professor Park Chong-Ku, PhD, Gachon University, who dedicated an enormous amount of time for this effort, and to all others who have greatly helped in other ways, on many things, to make this endeavor possible.

Min W. Suh
Sang W. Suh

CONTENTS
차 례

100 조각공원의 개념과 환경조각의 도입 12

    110 조각공원의 개념과 역할 14

    120 공공부문에서의 환경조각 도입 16

200 조각공원의 유형과 특성 20

    210 야외 조각공원 Open-Air Sculpture Garden (OG) 23

    220 부설 조각공원 Museum Garden (MG) 24

    230 가로 조각공원 Street Sculpture Garden (SG) 25

300 조각공원의 사례연구 26

    310 야외 조각공원 Open-Air Sculpture Garden(OG) 28

        OG-01 스톰 킹 아트센터 30

OG-02	도널드 켄달 조각공원	34
OG-03	데이비드 스미스 조각공원	39
OG-04	시카고 밀레니엄 파크	42
OG-05	헨리 무어 조각공원	46
OG-06	시애틀 올림픽 조각공원	48
OG-07	에드와르도 칠리다 조각공원	51
OG-08	노아의 방주-조각공원	54
OG-09	칼 밀레스 조각공원	56
OG-10	비겔란트 조각공원	58
OG-11	타롯 조각공원	61
OG-12	하꼬네 조각공원	63
OG-13	반기 조각공원	67
OG-14	상하이 조각공원	70
OG-15	서울올림픽 조각공원	72
OG-16	노을공원 조각공원	77
OG-17	수원 올림픽 조각공원	81
OG-18	김포 조각공원	84
OG-19	안양 아트 파크	87
OG-20	안산 단원 조각공원	90

OG-21	인천 대공원 조각원	93
OG-22	C 아트 뮤지엄	95
OG-23	목포 유달산 조각공원	99
OG-24	광주 상무 조각공원	102
OG-25	김해 연지 조각공원	105
OG-26	통영 남망산 조각공원	107
OG-27	문신미술관 조각공원	109
OG-28	제주 조각공원	112

320 부설 조각공원 Museum Garden(MG) ... 114

MG-01	록펠러 조각공원	116
MG-02	노구찌 가든	119
MG-03	힐쉬호른 조각공원	122
MG-04	나셔 조각공원	126
MG-05	미네아폴리스 조각공원	130
MG-06	오크랜드 뮤지엄 조각공원	134
MG-07	크륄러 뮐러 조각공원	136
MG-08	라 빌레트 공원	138
MG-09	독일연방 뮤지엄	140
MG-10	루이지애나 MoMA	142
MG-11	마이트재단 조각공원	144
MG-12	국립현대미술관 조각공원	146
MG-13	가나 아트 파크	149
MG-14	양주시립장욱진미술관 조각공원	152
MG-15	모란미술관 조각공원	154
MG-16	뮤지엄 산 조각공원	156
MG-17	조각미술관 바우지엄	159

330 가로 조각공원 Street Sculpture Garden(SG) ... 162

| SG-01 | 네벨슨 플라자 | 164 |

SG-02	워싱턴 추모 조각광장	166
SG-03	시카고 디어본 가로 조각광장	170
SG-04	머피 조각공원	175
SG-05	엠바카데로센터 덱크플라자	177
SG-06	스트라빈스키 분수 조각공원	181
SG-07	티노 로시 가든	183
SG-08	그랜드 아치 주변 조각광장	184
SG-09	트레비 분수조각	186
SG-10	바르세로나 산업공원	188
SG-11	천안 아라리오 조각광장	190

340 조각공원의 유형별 사례특성 분석종합 192

참고문헌 200
찾아보기 201

분석대상 사례는 조각공원으로서의 전문성과 수준급 이상의 작품을 보유하였거나, 기획하고 운영하는 전속 큐레이터를 갖춘 조각공원으로 한정했다.

100

시카고 밀레니엄파크의 'Cloud Gate', 2004

조각공원의 개념과 환경조각의 도입

110
조각공원의 개념과 역할

120
공공부문에서의 환경조각 도입

110   조각공원의 개념과 역할

조각이 인간환경에 효과적인 조화를 이루게 된 것은 환경의 예술화라는 차원에서 매우 중요한 뜻을 지니고 있다.*

〈그림 01〉 베르사유궁전에 세워진 이우환의 '관계항-베르사유 아치', 2014

그 좋은 예로 프랑스 베르사이유 궁은 2014년의 작가로 한국의 이우환李禹煥, 1936- 을 선정하여 베르사유궁전 정원에 9점과 궁안에 1점을 설치한 바, 자연과 시간을 상징하는 돌石과 산업사회의 상징인 철鐵을 이용하여 문명과의 관계를 이야기 한다는 의도로 조각을 전시하여 베르사유궁의 풍경을 현대적으로 전환한 경우이다.〈그림 01〉 참조

〈그림 02〉 시카고의 밀레니엄파크, 2004

조각공원Sculpture Garden은 조각이 실내전시장인 뮤지엄 밖으로 나와 대중에게 좀 더 접근한다는 의미를 가지고, 공원이 지니고 있는 본래의 휴식이나 놀이 기능 외에 조각이라는 예술적 기능을 더한 예술적 가치가 있는 안식처로서 그 지역의 문화적 체험을 도모하며, 도시 활성화와 관광자원화가 가능하다.

그 좋은 예로 밀레니엄 시대millennium era를 맞아 시카고의 그랜트 파

---

*   대한건축사협회, 도시환경과 조형예술, 도시환경분과위원회, 1986, P.15

크Grant Park, Chicago 일부에 야외공연장인 프리츠커 파빌리언Jay Pritzker Pavilion과 더불어 새로운 개념의 두 개의 거대한 조각인 크라운 분수와 클라우드 게이트Crown Fountain & Cloud Gate가 밀레니엄 파크Millennium Park, 2004를 조성함으로써 시카고의 새로운 랜드마크landmark로 등장했다.〈그림 02〉 참조

  도시환경을 구성하는 수많은 요소 중 환경조형물인 3차원의 환경조각의 역할이 중요하고, 특히 공공조각들은 어떤 업적이나 목표를 상징하기 보다는 아름답게 표현되어 그 주위를 풍요롭게 한다. 즉 조각이 인간환경에 효과적인 조화를 조성하는 환경의 예술화라는 차원에서 매우 중요하다.

  따라서 조각이 놓인 공원은 대중에게 쉽게 접근되어 친밀감을 주고, 오랫동안 우리들 기억에 남게 된다.

  또한 조각공원은 전문성을 가지고 조각 위주의 야외전시를 의미하고, 대중의 휴식과 더불어 예술적 감성을 북돋아 주는 역할을 하며, 조각의 새로운 형태나 형식이 변화하는 사회적 목적과 새로운 심리적 통찰의 요구에 흡족할 수 있어야한다. 즉 전달하고자 하는 구체적 의미보다는 주어진 환경에 맞는 풍요로운 조형예술로서 조각이 지닌 표피적 의미보다는 규모와 색채·형태 등 조형요소들과 보는 사람과 교감이 이루어 질 수 있는 역할을 해야 할 것이다. 특히 도심의 경우 예술성 있는 오픈 스페이스나 조각공원으로 조성되어 시민의 안식처로 활용 되어야 할 것이다.

120 공공부문에서의 환경조각 도입

환경조각이 공공미술의 입장으로 도시환경에서 다음과 같은 기능적 측면을 갖는다.*

〈그림 03〉 로마의 트레비 조각분수

① Land Mark의 기능 : 도시의 조망에서 하나의 초점의 역할을 하며, 가로街路의 교차점이나 광장에서 중요한 표식이나 방향을 알게 하는 기능
② 공간조절의 기능 : 도시의 비인간적인 스케일을 완화하고 인간 척도 human scale의 인식단위로 전환하는 역할을 하며, 장소에 접근하는 사람들에게 단계적인 공간인식이 가능토록 하는 기능
③ 미적 기능 : 도시공간 속에서의 심미적·정서적 즐거움이나 의외성

* 대한건축사협회, 앞의 보고서, p.13

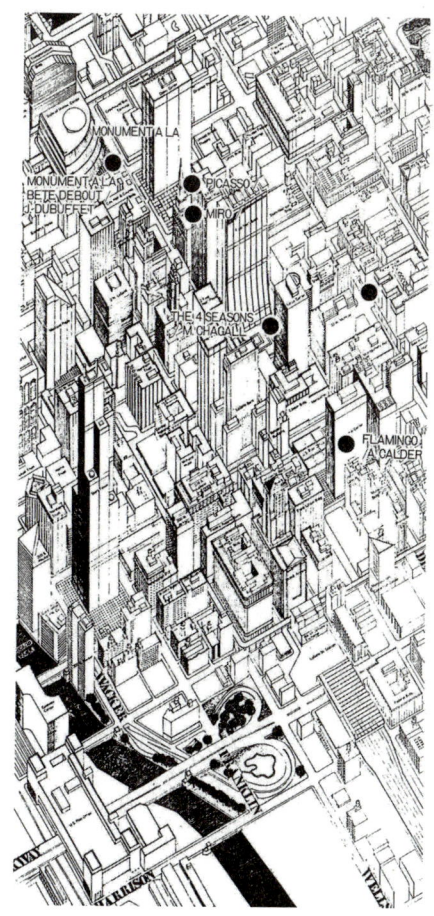

〈그림 04〉 가로공원을 연속적으로 조성한 시카고의 디어본 거리

意外性을 통한 신선하고도 특이한 경험을 제공
④ 실용적 기능 : 장소와 지역사회에 대한 대중의 관심을 높여주고, 지역사회의 독자성을 제공하여 지역주민의 자부심을 고양시키는 효과

근대 도시의 공공부문에 환경조각이 도입되는 과정은
① 근대초기에는 미술이 도시환경을 장식한다는 개념으로 수경요소修

〈그림 05〉 Federal Center의 Flamingo, Alexander Calder작품

景要素의 역할을 했다. 즉, 조각과 같은 환경조형물을 어떤 장소에 놓으므로 서 장식한다는 의도이다.

② 수경요소의 개념을 벗어난 것이 조각을 공모하여 장기계획 아래 도시공간에 배분하는 방법이다. 즉, 공모방식에 의하면 작가는 자신의 창조적 아이디어를 충분히 발휘할 수 있으며, 각각의 개성을 갖는 도시공간과도 잘 조화되는 가능성이 있게 되었다.

③ 환경조각이 좀 더 공공부문에 도입되는 경우는 그 지역사회가 기금을 조성하고 특별히 구성된 위원회가 작가를 선정하여 그 작가로 하여금 주어진 장소에 맞는 작품을 제작하게 하는 방식이다. 그 대표적

〈그림 06〉 공모를 통해 조성된 서울 올림픽 조각공원 조감도

사례로 뉴욕 맨해튼의 네벨슨 광장의 경우로 7개의 추상조각이 가로 공원 시설과 함께 조각공원을 만들었다. 공공부문에서 적극성을 가지고 성공시킨 경우는 시카고 디어본Dearborn 거리에서 연속적으로 조성된 일련의 도시조각들로 도심 내 고층건축 사이에 환경조각을 도입한 특별한 장소 성을 만들었다.

④ 공공부문에 일시적인 예술기획으로 환경조각을 제작하게 하는 방식이다. 즉, 야외조각 공모전을 통해 도시의 공공공간인 공원·가로·광장을 대상으로 시행하여 수용하는 방식이다.

200

미네아폴리스 조각공원의 'Spoonbridge & Cherry', 1983

조각공원의 유형과 특성

210
야외 조각공원 Open-Air Sculpture Garden (OG)

220
부설 조각공원 Museum Gardens (MG)

230
가로 조각공원 Street Sculpture Garden (SG)

〈그림 07〉 뉴욕 맨해튼 남쪽의 네벨슨 광장, 1978

　조각공원은 보편적으로 조각이 놓인 위치에 따라 ① 자연과 조합된 '야외 조각공원' ② 아트뮤지엄 부속의 '부설 조각공원' ③ 광장이나 플라자에 조성된 '가로 조각공원' 등으로 분류된다. 조각공원은 조성단계부터 공공기관과 협력되어 아트 담당전문위원에 의해 조성된다.

　또한 조각공원의 조성은 막대한 조성비가 필요하기 때문에 특정 기업이나 지역사회가 기금을 만들고 위원회가 작가를 선정하여 그 작가가 주어진 환경에 맞는 작품을 제작하는 방식으로 이루어진다. 그 좋은 예로 네벨슨 광장의 '그늘과 깃털'Shadow & Flags at Nevelson Square, 1978의 경우 인접한 체스 맨해튼은행Chase Manhatten Bank을 비롯한 8개 회사가 기금을 조성하고, 이를 시행하기 위한 아트선정위원회Art Commission가 조직되어 네벨슨Louis Nevelson, 1900-88을 선정하고, 그녀에게 조각 작품은 물론 광장조성을 위한 전권을 위임해 조성한 것이다.

　따라서 조각공원의 유형분류와 그 특성은 다음과 같다.

210 야외 조각공원 Open-Air Sculpture Garden (OG)

〈그림 08〉 스톰킹 아트센터 조각공원

'야외 조각공원'이란 공원조성 계획 단계로부터 조각 작품을 위주로 이루어진 고유기능의 야외조각공원을 의미한다. 이러한 조각공원은 대개 규모가 크기 때문에 도심을 벗어나 자연환경이 우수한 도시 외곽지역에 위치하고, 소규모 실내전시를 위한 전시장과 운영관련 시설들이 포함된 뮤지엄이 구비된다.

도심의 경우 공원 일부를 조각공원으로 조성하기도 하고, 산책로 주변에 조각을 배치할 경우가 있다. 자연을 배경으로 조성된 대규모 조각공원으로는 뉴욕 맨해튼 북쪽에 위치한 스톰킹 아트센터Storm King Art Center나 펩시콜라 본사 주변의 도날드 켄달Donald M. Kendall 조각공원이 그 대표적 사례이다.

220 부설 조각공원 Museum Garden (MG)

〈그림 09〉 도심의 오아시스 역할을 하는 뉴욕 MoMA

'부설 조각공원'이란 아트 뮤지엄 부속으로 야외 조각공원을 조성한 경우로 실내 전시가 불가능하거나 실내 뮤지엄 전시실의 연장된 야외 전시 형태로, 도심의 오픈 스페이스이거나 도심 오아시스의 역할이 가능하다. 그 대표적 사례로는 뉴욕 MoMA Museum of Modern Art의 경우 중정의 조각공원이 맨해튼의 오아시스 역할을 하고 있으며, 오클랜드 뮤지엄 Oakland Museum의 경우 도심의 오픈 스페이스 역할을 한다.

230 가로 조각공원 Street Sculpture Garden (SG)

〈그림 10〉 시카고 디어본의 가로공원

'가로 조각공원'이란 도심의 오픈스페이스 역할을 하는 광장square이나 플라자plaza 그리고 가로공원街路公園에 조성된 조각공원으로 접근성이나 가로 기능성이 좋고, 도시환경을 풍요롭게 하며, 보행자의 정서와 심미적 즐거움을 준다.

특히 공공부문에 도입된 가로 환경조각의 경우 관광객에게 오래 기억되는 역할을 한다.

그 좋은 예로 시카고 디어본Dearborn 거리에 산재된 일련의 조각광장들은 주변 고층건축들 사이에 조성되어 도심의 가로 조각공원을 이룬다. 또한 샌프란시스코의 엠바카데로 센터 덱크플라자Embacadero Center Deck Plaza의 경우 보행자나 휴식 자들에게 예술적 감성을 주는 도심 보행공간이 되고 있다.

300

서울올림픽 조각공원의 '하늘 기둥'

조각공원의 사례연구

310
야외 조각공원 Open-Air Sculpture Garden (OG)

320
부설 조각공원 Museum Gardens (MG)

330
가로 조각공원 Street Sculpture Garden (SG)

340
조각공원의 유형별 사례특성 종합

310 야외 조각공원
Open-Air Sculpture Garden(OG)

뉴욕 근교 펩시콜라 조각공원 알렉산더 칼더의 'Hat's Off', 1969

'야외 조각공원'이란 공원조성 계획 단계로부터
조각 작품을 위주로 이루어진 고유기능의
야외 조각공원을 의미한다.

OG-01   스톰 킹 아트센터
OG-02   도날드 켄달 조각공원
OG-03   데이비드 스미스 조각공원
OG-04   시카고 밀레니엄 파크
OG-05   헨리 무어 조각공원
OG-06   시애틀 올림픽 조각공원
OG-07   에드와르도 칠리다 조각공원
OG-08   노아의 방주-조각공원
OG-09   칼 밀레스 조각공원
OG-10   비겔란트 조각공원
OG-11   타롯 조각공원
OG-12   하꼬네 조각공원
OG-13   반기 조각공원
OG-14   상하이 조각공원
OG-15   서울올림픽 조각공원
OG-16   노을공원 조각공원
OG-17   수원 올림픽 조각공원
OG-18   김포 국제조각공원
OG-19   안양 아트 파크
OG-20   안산 단원 조각공원
OG-21   인천 대공원 조각원
OG-22   C 아트 뮤지엄
OG-23   목포 유달산 조각공원
OG-24   광주 상무 조각공원
OG-25   김해 연지공원
OG-26   통영 남망산 조각공원
OG-27   마산 문신미술관 조각공원
OG-28   제주 조각공원

OG-01 스톰 킹 아트센터

Storm King Art Center, Mountainville, NY, USA, 1961-67

설립배경

스톰 킹 아트센터는 미국에서 뿐 아니라 전 세계적으로도 가장 훌륭하고 예술적 가치를 인정받는 야외 조각공원으로 스톰 킹Storm King 이란 이 지역 계곡의 이름을 딴 것이다.

이와 같은 세계 유수의 조각공원을 개척하게 된 것은 1927년 버몬트 해치Vermont Hatch가 막대한 토지를 사들여 프랑스 식 대저택을 그대로 모방한 전원주택설계 : 맥스웰 킴벨을 1953년에 건립하고, 1958년 랄프 오그덴Ralph Ogden, 1895-1974에게 집과 토지 전부를 매각하되 그 자연의 아름다움을 그대로 유지하고 절대로 분할해서 팔지 않는 조건으로 매각했다.

01 스톰킹 아트센터의 광활한 들판
02 전원주택으로 지어진 기존건축을 실내 뮤지엄으로 전용
03 Alexander Calder의 'The Arch'

04 Tal Streeter의 'Endress Column', 1968
05 Isamu Noguchi의 'Momo Taro', 1977
06 Alexander Liberman의 'Iliad', 1974-76

이 조각공원의 설립자가 된 오그덴은 아버지로부터 회사Star Expansion Industry를 상속받았으나, 사장직을 버리고 세계여행을 즐기면서 컬렉션을 시작하였다. 특히 1961년 스톰 킹 아트센터를 야외조각공원으로 꾸미겠다는 생각에서 여러 나라를 돌아보면서 많은 작품을 구입하기 시작했다. 스톰 킹 아트센터가 조성된 대지는 더 이상 농업으로는 수익성이 없는 것으로 평가되어 황폐한 상태였으나, 이를 재생하기 위한 노력의 일환으로 개발되었고, 1967년 윌리엄 루더퍼드William A. Rutherford와 같은 조경건축가를 고용하여 자연 환경을 원상복구 시키면서 점차 아트센터의 면적을 넓혀왔다. 그리고 1972년부터 미국과 유럽의 추상조각들을 주로 컬렉션하기 시작 하였고, 다른 단체들로부터 장기임대도 하였는바, 그 대표적 예로 알렉산더 칼더Alexander Calder의 'Stabiles' 4개를 뉴욕의 Calder 재단으로부터 영구임대한 것이다.

07 Menashe Kadishman의 'Suspended', 1977
08 David Smith의 'XI Books III Apples', 1959
09 부분전경

설립자 오그덴은 네델란드 오텔로의 크뢸러–뮐러Kröller-Müller, Otterlo 조각공원을 모델로 삼았고, 결정적으로는 1967년 뉴욕 주 볼턴 랜딩의 데이비드 스미스David Smith, Bolton Landing 조각정원을 표방하여 세계적으로 알려진 13개의 작품으로 시작되었다.

조성특성

뉴욕 맨해튼 북쪽 97km 떨어진 웨스트포인트West Point: 미국 육군사관학교의 통칭 근처에 600에이커2,428,080㎡의 광활한 들판과 동산에 세계적으로 인정받는 조각공원을 개척했다.

기존 전원주택을 개조하여 실내 뮤지엄과 그 주변에 크고 작은 조각들을 배치하고 특정 작가별로 영역을 구분하여 배치했다. 또한 광활한 벌판임을 인식시키기 위해 언덕 아래로는 운동장보다도 더 큰 스케일의 광장을 조성하기도 하고, 아직 개척하지 않은 토지들은 그대로 방치하여 개간 된 것과 확연히 구분된다.

광활한 지역에 탈 스트리터의 '무한한 기둥'Endless Column by Tal Streeter이 지그재그 형으로 18m 이상 솟아있고, 그 배경에는 알렉산더 칼더의 '아치'The Arch by Alexander Calder가 그 뒤에 보이는 수목을 압도하고, 또 다른 들판에는 알렉산더 리버맨의 거대한 '일리아드'Iliad by Alexander Liberman가 자리 잡고 있으며, 언덕 위에는 1977년 이사무 노구찌에게 주문된 '모모 타로'Momo Taro by Isamu Noguchi 작품이 9개의 화강석으로 그룹핑 되었다.

이 조각공원은 오로지 하늘과 땅에 의해서만 구획되었고, 탁 트인 들판에 바닥은 잔디이고 벽은 나무와 언덕으로 조성 된 것이 특징이며, 유럽의 조각공원이 대부분 폐쇄적인데 반해 이 조각공원은 열린 하늘 아래 개방된 것이 특징이다.

소재지	280 Old Pleasant Hill Rd., Mountainville, NY, USA / near West Point
설립자	Ralph E. Ogden, H. Peter Stern, Star Expansion Co.
조경설계	Darrel Morrison & William A. Rutherford
뮤지엄	1935년 Maxwell Kimball이 설계한 주거용 전원주택으로, 이를 개조해 9개 전시실·뮤지엄 샵·관리사무실로 전용
연락처	+1-845-534-3115, 914-534-3190
개장시간	4월 1일 - 10월 27일 11:00-17:00
	10월 28일 - 11월 15일 11:00-17:00
	월·화·동절기(11월 16일 - 3월 31일) : 휴관
대지면적	2,428,080m²(600에이커)
개관	1967년
참고문헌	Beardsley & Finn, A Landscape for Modern Sculpture / Storm King Art Center, Abbeville, 1985
	서민우 외, 도시 문화 산책 - 미국편, 미세움, 2014, pp.90-95.
	김정숙, 조각의 예술전원 - Storm King Art Center, 현대미술관회 뉴스, 1982.

OG-02 도날드 켄달 조각공원
Donald M. Kendall Sculpture Garden at PepsiCo HQ, Purchase, NY, USA, 1965-85

설립배경

세계적 음료회사 펩시콜라Pepsi Cola 초대회장인 도날드 켄달Donald M. Kendall이 자신의 이름을 가진 정원을 희망하여 뉴욕 북쪽 퍼챌스Purchase, New York에 위치한 본사 둘레에 조각공원을 조성하게 되었다.

그는 이 조각공원 조성을 위해 1965년부터 작품수집에 착수하여 벽 없는 야외조각공원을 세심하게 계획된 조경과 조화를 이루었으며, 이 정원을 통하여 안정·창조·실험Stability·Creativity·Experimentation이라는 회사의 비전을 반영하였다.

01 반사 연못의 부분전경
02 Georg Segal의 'Three People on Four Benches', 1983
03 Alexander Calder의 'Hat's off', 1969
04 Claes Oldenburg의 'Giant Trowel II', 1982

05 조각공원과 본사건물

또 다른 의미로는 단순히 유명조각의 작품적 가치뿐 아니라 조각과 자연 그리고 건축이 어떻게 조화를 이루고 있는지와 교육적 가치를 가지고 만인에게 무료 개방함으로써 기업의 이미지를 고양시킨 점에서 기업이 예술과 접목된 좋은 사례가 되었다.

1970년에 개관된 본사 건축은 미국을 대표하는 건축가 에드워드 스톤Edward D. Stone, 1903-78이 설계한 역 피라미드형이고, 그 주변 조경은 그의 아들인 에드워드 스톤 주니어Edward D. Stone, Jr.에 의해 계획되어 미국 뿐 아니라 전 세계 유명한 조각정원으로 각광을 받았다. 그 후 1980년 유명한 정원 디자이너 러셀 페이지Russell Page, 1902-85가 확장시켰고, 1985년부터는 국제적 정원디자이너 프랑수아Francois Goffnet가 지속적으로 개발시켰다.

세계조각공원

06 Analdo Pomodoro의 'Triad', 1975-79
07 Alberto Giacometti의 'Large Standing Women'
08 Henry Moore의 'Double Oval', 1969
09 작품위치도

300 조각공원의 사례연구 / 310 야외 조각공원

1	Alexander Calder	Hat's Off
2	Jean Dubuffet	Kiosque Tevide
3	Arnaldo Pomodoro	Grande Disco
4	Alberto Giacometti	Large Standing Woman II
	Alberto Giacometti	Large Standing Woman III
5	Auguste Rodin	Eve
6	Max Ernst	Capricorn
7	Kenneth Snelson	Mozart 1
8	George Segal	Three People on Four Benches
9	Claes Oldenburg	Giant Trowel II
10	George Rickey	Double L Excentric Gyratory II
11	Barbara Hepworth	The Family of Man
12	Tony Smith	Duck
13	Richard Erdman	Passage
14	David Wynne	The Dancers
15	Wendy Taylor	Jester
16	Art Price	Birds of Welcome
17	Victor Salmones	The Search
18	David Wynne	Dancer with a Bird
19	Judith Brown	Caryatids
20	William Crovello	Katana
21	Henry Moore	Sheep Piece
22	Gidon Graetz	Composition in Stainless Steel, No. 1
23	Joan Miró	Personnage
24	Robert Davidson	Frog
25	Marino Marini	Horse and Rider
26	Arnaldo Pomodoro	Triad
27	Barbara Hepworth	Meridian
28	Bret Price	Big Scoop
29	David Smith	Cube Totem Seven and Six
30	Isamu Noguchi	Energy Void
31	Louise Nevelson	Celebration II
32	Robert Davidson	Totems
33	Asmundur Sveinsson	Through the Sound Barrier
34	David Wynne	Grizzly Bear
35	Henry Moore	Reclining Figure
36	David Wynne	Double Oval
37	Henry Moore	Girl with a Dolphin
38	Henry Moore	Locking Piece
39	Seymour Lipton	The Codex
40	Jacques Lipchitz	Towards a New World
41	Henri Laurens	Le Matin
42	Henri Laurens	Les Ondines
43	Seymour Lipton	The Wheel
44	David Wynne	Girl on a Horse
45	Aristide Maillol	Marie

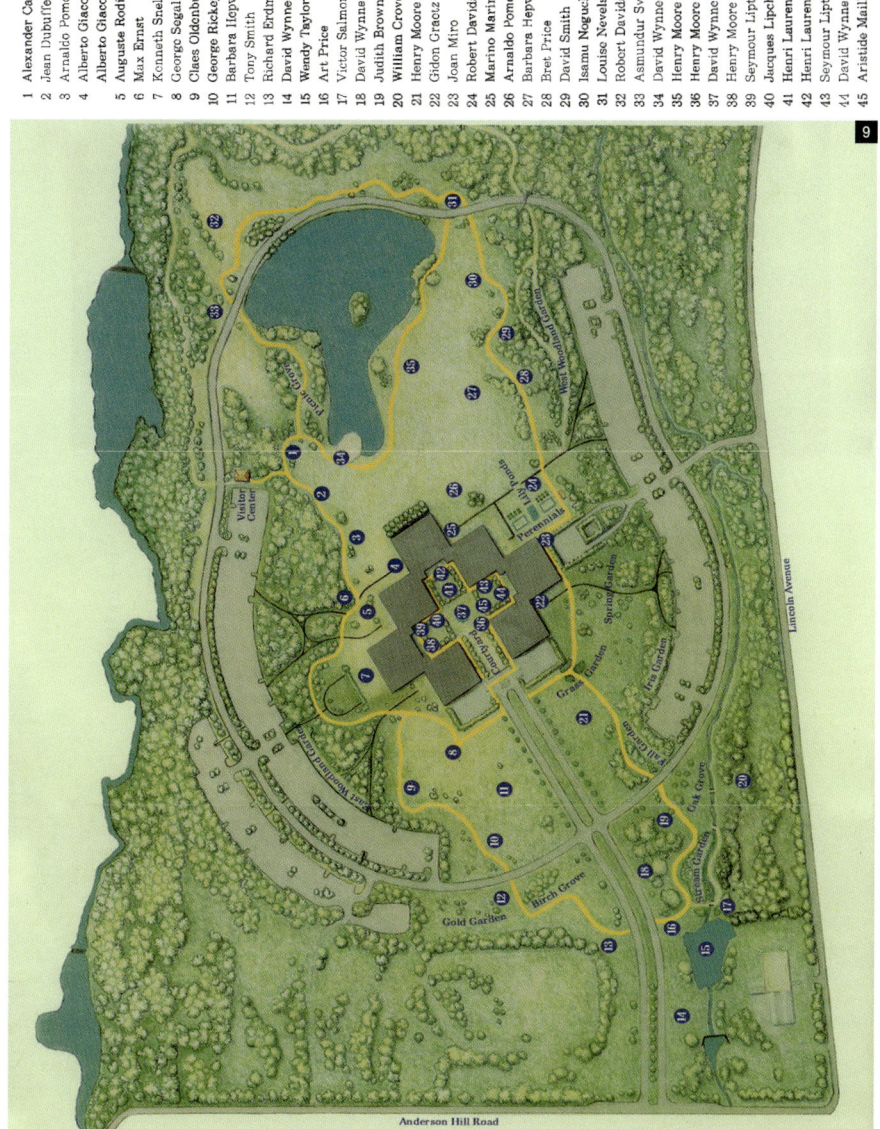

조성특성

뉴욕대SUNY 건너편 679,863m²168에이커에 달하는 넓은 벌판에 본사 건축과 인공호수가 있는 정원에 20세기를 대표하는 조각가의 주요 작품들이 세계적인 기업의 업무환경에 잘 조화를 이루면서 무료 개방되고 있다.

전체 조각공원은 안뜰·앞면·측면 그리고 뒤뜰로 구분되며, 각기 예술적 형태를 취하고 있을 뿐 아니라 예술작품을 위한 배경으로서의 역할을 충실히 이행하고 있다.

지구라트Ziggurat의 반대 형상을 하고 있는 3층 본사건축에 인접한 안뜰은 정돈된 관목과 정원수·분수 등의 인위적 요소를 도입하였고, 주로 작은 크기의 조각들이 배치되었다.

그 외 지역은 거대한 스케일의 정원에 맞는 대작들이 각기 조화롭게 조성되었으며, 특히 방문자를 위한 산책로는 여러 형태의 정원을 연결 해주는 리본과도 같은 역할을 하고, 이를 따라 거닐며 연속적으로 이어지는 일련의 작품들을 감상 할 수 있다. 전시된 작품들은 주로 20세기를 대표하는 알렉산더 칼더·헨리무어·루이스 네벨슨·이사무 노구찌·끌레 올덴버그·아드날도 포모도로·어구스트 로댕 등의 주요 작품들이다.

소재지	700 Anderson Hill Rd, Purchase, NY, USA
설립자	Donald M. Kendall / PepsiCo 회장
조경설계	Francois Goffinet
연락처	+1-914-253-2900, 2001
본관건축	Edward D. Stone 설계로, 3층 역피라미드형으로 Pepsico 본사
재정비	Russell Page
개장시간	연중무휴. 새벽부터 저녁까지
대지면적	679,863m²(1680에이커)
개관	1970년
작품수	45점
참고문헌	Sydney Lawrence 외, Music Stone, Scala Books, 1984, pp.28-33. 서민우 외, 도시 문화 산책 – 미국편, 미세움, 2014, pp.86-89.

OG-03 데이비드 스미스 조각공원
David Smith Sculpture Farm, Bolton Landing, NY, USA, 1967

설립배경

미국 추상조각의 거장인 데이비드 스미스David Smith, 1906-65의 작품을 소개하는 조각공원이 입체주의와 초현실주의 영향이 반영된 그의 철 조각은 소재면에서 미국의 20세기 산업기술을 상징하며, 용접기법이 특징적인 그의 철 조각은 전체성에 속박되지 않는 자율적인 부분들과 회화적인 표면처리가 특징이다.

01 전경

조성특성

넓은 들판에 David Smith의 작품이 산재해 있고, 기존 집을 이용한 실내 뮤지엄이 동시에 전시되어 Storm King 아트센터와 유사한 분위기이다.

02 실내외 작품
03 부분 전경
04 세 개의 원과 판들, 1959
05 무제, 1964
06 무제, 1965
07 조각공원 전경

소재지	Bolton Landing, NY, USA
개장	1967년 개장되었다가 현재는 폐장
설립자	David Smith
참고문헌	데이비드 스미스 조각공원 단행본

OG-04   시카고 밀레니엄 파크

Millennium Park, Chicago, IL, USA, 1999-2004

설립배경

　뉴 밀레니엄 시대new millennium era를 맞아 세계의 많은 도시들이 밀레니엄 프로젝트millennium project를 조성하여 도시 활성화와 관광자원화를 도모하였다. 그 대표적 사례로 런던의 밀레니엄 돔Millennium Dome을 비롯한 테이트 모던 갤러리Tate Modern Gallery를 개관하여 런던의 새로운 문화 중심을 이루었고, 고도古都 비엔나는 새로운 뮤지엄 지역 Museum Quartier, Wien을 조성하여 새롭게 밀레니엄을 맞이했고, 도쿄 도심 롯본기 힐Roppongi Hills에는 '예술의 삼각지대'Art Triangle: ATRO를 조성하여 도심재개발에 문화를 접목 시켰으며, 나오시마Naoshima, Japan는 창조적 경영으로 세계적 미술 명소를 조성하였다. 시카고의 경우도 밀레

니엄 프로젝트로 그랜트 파크Grant Park 일부에 밀레니엄 파크Millennium Park를 하얏트 재단Hyatt Foundation이 조성하여 시카고의 새로운 명소가 되었고, 도시공간에 예술과 건축 그리고 조경디자인이 결합된 좋은 사례로 평가 받고 있다.

조성특성

시카고 중심부 미시간 호수가 그랜트 파크 일부에 노천극장인 프리츠커 파빌리온Jay Pritzker Pavilion, Frank O. Gehry 설계과 시카고 아트 인스티튜트 모던 윙The Art Institute of Chicago's Modern Wing, Renzo Piano 설계과 더불어 두 개의 거대한 조각품이 조성되어 있다.

그 두 개의 조각품은 다음과 같다.

제이 프리츠커 파빌리온Jay Pritzker Pavilion, Frank O. Gehry 설계

1979년부터 아내인 Cindy와 더불어 만든 건축에 있어서 노벨상으로 불리는 권위 있는 건축상 'Pritzker Architecture Prize'를 설립한 시카고의 사업가 Jay Pritzker의 이름을 따서 붙여진 이름의 '노천극장'으로 Grant Park 교향악단을 위한 것이다. 특히 19.8m 간격으로 배치된 스틸 파이프로 덮여 객석영역

01 밀레니엄 파크 전경
02 노천극장인 Jay Pritzker Pavilion
03 땅콩 모양의 반사조각인 Cloud Gate

04 분수조각인 Crown Fountain과 Cloud Gate

을 확보한다는 의미도 있고, 그 파이프에 스피커가 설치되어 무대로부터 먼 곳에 이르기까지 골고루 음향이 전달될 수 있는 장치가 고려된 것이다.

크라우드 게이트-땅콩 Cloud Gate-Bean, Anish Kapoor 작품

인도 태생 영국작가인 애니쉬 카풀 Anish Kapoor, 1954- 의 의도처럼 시카고의 스카이 라인이 그대로 담겨진 그의 첫 공공조각이다. 높이 10m·길이 20m·폭 12m·무게 125톤의 스테인레스 스틸로 사방이 거울처럼 반사되는 '땅콩' bean 모양의 이 조각으로 근현대건축으로 유명한 시카고를 반사하는 의미를 갖는데, 이는 액체 수은에서 영감을 받은 작품이다.

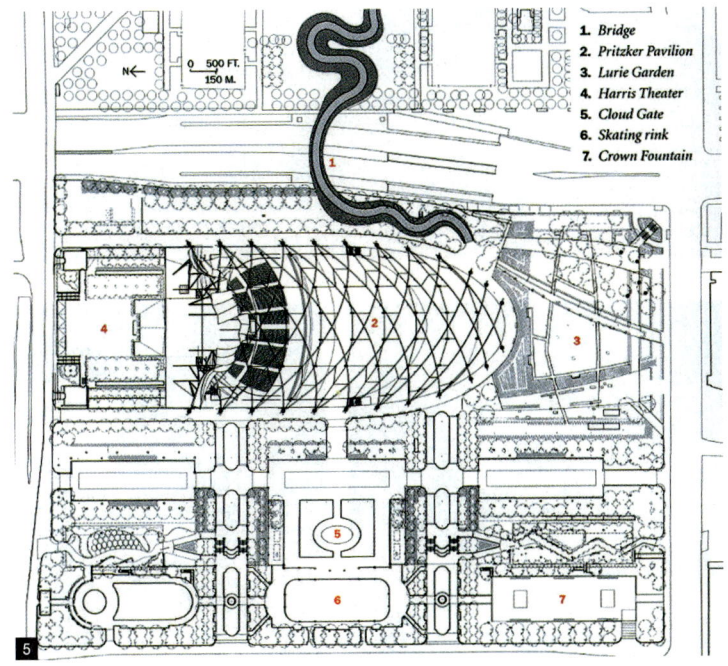

05 배치도

분수조각 크라운Crown Fountain, Jaume Plensa 작품

직사각형 연못 위에 마주한 두 개의 직육면체 조각에는 1천명의 시카고 시민의 얼굴이 담긴 분수조각으로 시민의 표정과 여러 가지 장면의 얼굴 표정이 바뀌면서 물을 품어내고, LED 디스플레이 스크린과 LED 조명 설비를 이용해 표현된 새로운 아이디어의 환경조각이 시민에게 휴식과 즐거움을 준다. 높이: 약 15m, 연못길이 7m

소재지	Millennium Park in Grant Park, Chicago, IL, USA
연락처	+1-312-742-1168
개장시간	연중무휴, 오전 6시-오후 11시
대지면적	99,000m²
개관	2004년
참고문헌	서민우 외, 21세기 새로운 뮤지엄 건축, 기문당, 2014, pp.28-29
	서민우 외, 도시문화산책- 미국편, 미세움, 2014, pp.162-163
설립자	Hyatt Foundation

OG-05 헨리 무어 조각공원
Henry Moor Sculpture Garden, Kansas City, MO, USA, 1988

설립배경

Kansas시의 Nelson-Atkins 뮤지엄과 인접한 헨리무어 조각공원은 이미 1933년 뮤지엄 건물에 후기 보자르식 건축으로 조성된 정원에 헨리무어의 작품이 배치되었다. Roger K. Lewis는 뮤지엄 소식지 1989년 9·10월호에 헨리무어의 조각공원을 "평화로운 안식처·시민의 명소·자연과 건축이 균형을 이루는 도시의 랜드마크"라고 묘사했다.

조성특성

전체 정원 68,800㎡ 크기의 절반은 고전적이고 격식있는 구성으로 이루어져 있고, 그 외는 자연 숲을 이루고 있는바, 그 중간중간에 청동으로 된 12개의 헨리무어의 작품이 배치되어 있다.

300 조각공원의 사례연구 / 310 야외 조각공원 47

01 전경
02 부분 전경
03 헨리 무어 작품
04 배치도

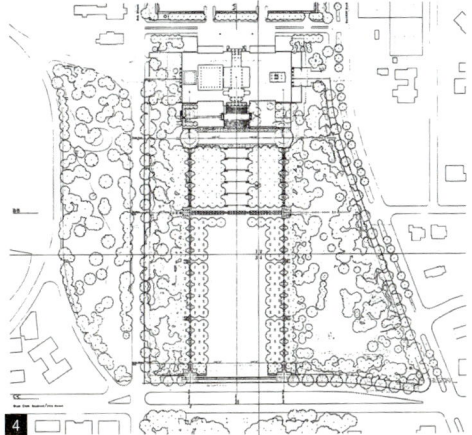

소재지   Kansas City
규모   68,800m²
개관   1988년
작품수   12점
참고문헌 Process No.108 pp.94-99

OG-06 시애틀 올림픽 조각공원
Olympic Sculpture Park, Seattle, WA, USA, 1999-2008

설립배경

미국 시애틀Seattle은 전형적인 후기 산업도시로 교통기반시설 사이에 예술적인 문화풍경culturescape 지대를 설립함으로써 도시 활성화를 도모하여 산업화시대 이전처럼 도시와 수변공간을 또 다시 이어주는 사업을 시행 한 것이다.

이 자리는 과거에 산업시설이 자리했던 곳으로 철로와 4차선 간선도로 사이에 세 부분으로 나누어진 대지조건으로 엘리엇 만Elliott Bay of Pugetsound이 내려다보이는 장소로 Seattle Art Museum과 Trust for Public Land가 공동으로 설립한 것이다.

조성특성

세 부분으로 나누어진 대지조건을 연속적으로 이어진 아이디어로 하나의 예술적 조각공원으로 조성한바 인접한 간선도로와 해안가 사이가 하나로 이어졌다.

01 전경
02 전체 조감도

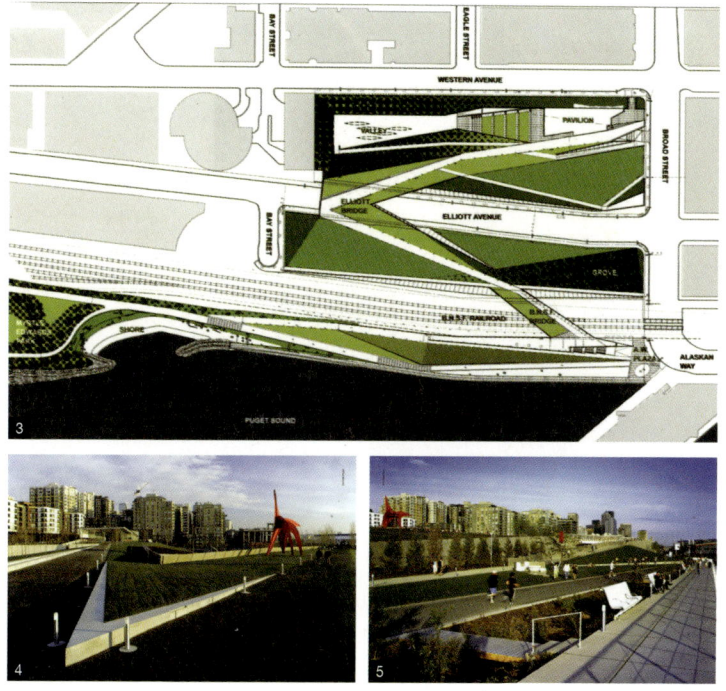

03 배치도
04 조각공원-01
05 조각공원-02

 즉 보행자 도로는 간선도로가 있는 언덕 정상에서 해안가에 이르는 동안 'z'자 형태의 길로 연결되고, 고속도로와 철로를 가로질러 해안가에 도달되며, 진입부에는 분수와 실내전시관pavilion이 위치해 시작을 의미하고 있다.
 방문객은 이 길을 따라 조각공원으로 내려가면서 지형적인 변화와 함께 17개의 조각품을 감상할 수 있으며, 도심과 해안을 연결하는 과정에서 반복적으로 겹치는 콘크리트 옹벽과 변화 있는 조경예술을 하나로 연결한 복합적 조각 작품을 경험하게 한다.

06 실내 전시관

대표적 조각품으로는

* Richard Serra의 'Wake', 2004
* Alexander Calder의 'Eaglr', 1971
* Mark Dion의 'Neukom Vivarium', 2004-06
* Louise Bourgeois의 'Father & Son', 2004-05

소재지	2901 Western Ave., Seattle, WA, USA 98121
설립자	Seattle Art Museum + Trust for Public Land
설계자	Marion Weiss & Michael Manfredi
대지규모	34,400m² 실내전시관: 1,115m2
사업비	6500만 달러
전화	+1-206-332-1377 팩스 : +1-206-332-1371
개장시간	해뜨기 전 30분 개장, 해지기 전 30분 폐장
참고문헌	서민우 외, 21세기 새로운 뮤지엄건축, 2014, 기문당, pp. 431-434

OG-07 에드와르도 칠리다 조각공원
Eduardo Chillida Sculpture Garden, San Sebastian, Spain

설립배경

　에드와르드 칠리다Eduardo Chillida, 1924- 는 스페인의 현대조각가로 20세기 조각계의 거장으로 꼽힌다. 그는 젊은 시절 파리에서 점토와 석고를 소재로 한 구상 조각 작업을 하다가 1951년 27살 때 그의 고향인 산세바스찬San Sebastian으로 돌아와 철을 사용한 추상 작업으로 전환하였고, 마드리드 대학에서 4년간 건축공부를 한 연유로 그의 작품은 건축적인 공간과 관련된 추상적인 개념들을 상징적인 문체로 조각이 서 있는 장소까지를 조각의 일부로 생각하여 작업을 했다.

01　조각공원
02a 칠리다 작품—01
02b 칠리다 작품—02
02c 칠리다 작품—03

03 실내 뮤지엄 외관
04 실내 뮤지엄 내부
05 입구정문
06 정원
07 바닷가 칠리다 작품-01
08 바닷가 칠리다 작품-02

　그는 1984년부터 칠리다 재단을 설립하여 운영하였고, 한국과의 인연은 지난 2011년 10월 19일부터 12월 12일까지 신세계갤러리^{고문 임희주}에서 초청전을 개최한 바 있다.
　고향인 산 세바스찬의 별장과 그 일대에 자신의 작품을 전시하기 위해 조각공원을 설립하였다.

소재지	Eduardo Chillida Juantegui
	Av. Alcalde Jose Elosegui, 211
	Villa Betania E-20015 San Sebastian, Spain
전화	+34-943-326-927
팩스	+34-943-277- 026
참고문헌	이화익 논문, 칠리다-현대조각의 거장, '한국박물관건축학회 창간호, 1998: 11, pp.231-234

조성특성

그의 별장과 그 주변에 칠리다의 초기 작품부터 현재 작품에 이르기까지의 조각·드로잉·세라믹·철 조각들이 전시되고 있으며, 칠리다 공원 근처 바닷가에는 자연석인 바위를 이용해 '바람의 빗'Wind Combs 이 많은 관광객의 눈길을 끌고 있다.

OG-08 노아의 방주-조각공원
Noah`s Ark-Sculpture Garden, Jersalem, Israel, 1995-2001

설립배경
노아의 방주-조각공원 프로젝트는 여류 조각가 니키 드 생팔Niki de Saint Phalle, 1930-2002의 제안으로 시작되었다. 즉, 니키의 제안이 설계자 마리오 보타Mario Botta, 1943- 에게 전해져 도시공원 내 놀이와 즐거움을 주는 조각공원이 되었는바, 니키는 색채를 중시하는 감성적 조각가이고 마리오 보타는 질서와 이성을 중시하는 건축가로 서로에 대한 깊은 이해와 문화적 차이를 극복하면서 이루어졌다.

조성특성
이 프로젝트는 예루살렘의 가족공원이 티슈 가든Tisch Garden 내 마치 방주를 녹색공원에 펼쳐놓은 듯하다.

이 조각공원은 예루살렘 스톤으로 지어진 구조물과 조각공원으로 구성되었는데, 구조물 자체는 아이들을 위한 놀이기구의 일부분으로, 외부정원은 생팔의 다채로운 동굴형상의 조각품들이 놓여있다.

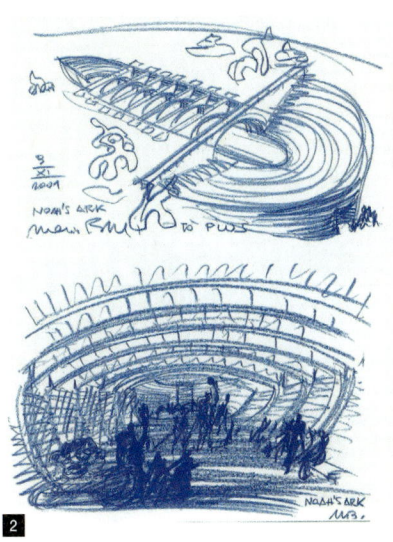

01 전경
02 기본 스케치
03 부분전경
04 조각공원

소재지	The Tisch Family Zoological Garden, Jerusalem, Israel
조각가	Nikie de Saint Phalle, 1930-2002 San Diego
기본설계	Mario Botta, 1943-
실시설계	Miller & Blum, Haifa: Mr
뮤지엄규모	670㎡ 볼륨: 2,700㎡
전화	02-6750111
팩스	02-6430123
개장시간	월~목 09: 00-18:00, 금 09:00-16:30, 토 10:00-18:00
참고문헌	CA ,vol.67 / 2007:01 pp.170-179
서민우 외, 21세기 새로운 뮤지엄건축, 2014. 기문당. pp. 439-441

OG-09 칼 밀레스 조각공원
Carl Milles Sculpture Garden, Lidingae, Sweden

설립배경

스위스 조각가 칼 밀레스Carl Milles, 1875-1955는 자신이 거주했던 스톡홀름 Millesgarden 저택과 작업장 그리고 해변가 정원에 많은 자신의 조각을 조성하여 조각공원을 만든 사례이다. 이 조각공원은 밀레스 사후에 시市에 기증되어 시가 관계하고 있다.

조성특성

밀레스 자신의 저택이었던 실내 뮤지엄 주변에는 분수조각을 중심으로 한 서양정원 요소요소에 그의 작품이 배치되었고, 집 앞 급경사

지 정원에는 자신의 중요한 작품들이 높은 기둥 좌대 위에 혹은 낮은 좌대 위에 설치되어 주위 자연환경과 조화를 이루고 있다.

시야가 트인 조각공원에는 발트해와 스톡홀름의 전경을 조망할 수 있기도 하다.

그의 작품은 북유럽의 신화를 테마로 제작된 것이 많아 분위기가 밝고 역동적이며, 그의 저택인 실내 뮤지엄에는 그리스와 로마시대 및 중세기와 르네상스 시대 조각품이 수집되어 전시되어있다.

01 전경
02 실내 뮤지엄 주변의 조각공원
03 기둥 위의 조각들
04 조각작품

소재지   Millesgarden, Stockholm
개장시간 5-9월: 오전 10시-오후 5시, 10-4월: 오전 11시-오후 4시
참고문헌 윤장섭, 북유럽 기행. PP.33-34
         오광수, 삼성소식, 1987:12, pp.6-7

OG-10 비겔란트 조각공원

Vigelandpaken, Olso, Norway, 1915-47

설립배경

오슬로 도심에서 북서방향으로 3㎞ 정도 떨어진 곳, 프롱네르 공원 Frogner Park 한 편을 차지한 비겔란트 조각공원은 스웨덴 스톡호름의 칼 밀레스 조각공원과 더불어 북구北歐 스칸디나비아에 그 규모와 내용이 알찬 야외 조각공원으로 각각 조각가 개인이 설립한 점에 특성을 갖는다.

즉, 비겔란트 조각공원은 노르웨이 천재 조각가 구스타브 비겔란트 Gustav Vigeland, 1869-1943가 일생을 바쳐 제작한 작품만으로 조성된바, '인간의 탄생에서 죽음까지'가 파노라마처럼 펼쳐져 있는 곳이다.

01 조각공원 전경

02 구스타브 비겔란트 동상

이 조각공원은 32년 1915-47 이라는 긴 세월에 걸쳐 완성되었는바 시작은 1915년부터 비겔란트 개인이 만들어 왔지만 오슬로 시市의 지원이 시작된 1924년부터 본격적으로 조성되었다.

소재지	Vigeland Visitor Center
	Nobels Gate 32, 0268 Oslo, Norway
면적	323,744㎡ ≒ 80acre
전시품수	212점
전화	+47-23-49-3700
팩스	+47-23-49-3701
이메일	www.vigeland.museum.no
참고문헌	윤장섭, 북유럽 기행, , PP.109-113
	문무경 외, 유럽디자인여행, 안그라픽스, 2008, pp.290-299

조성특성

이 조각공원은 비겔란트의 작품 212개만으로 조성되었으며, 공원 입구에서 끝까지 거리는 약 850m로 6개의 영역 the maingate · the bridge · the children's playground · the fountain · the monolith plateau · and the wheel of life 으로 구분되어 있다.

즉, 정문 입구에 들어서면서 큰 보리수나무가 좌우에 줄지어 서 있는 잔디밭 가운데 포석된 길이 있으며, 그 좌우 요소마다 청동제 조각들이 조성되어 있고, 그 다음에는 인공호수가 주변에도 청동제 조각들이 놓여 있다.

그리고 인공호수 후면 4층의 석조 기단 위에 각종 석조 조각들이 배치되었는바, 특히 최상부 원형기둥의 석재 표면에 121명의 남녀노소가 함께 어우러진 중앙 탑은 인간의 탄생으로부터 죽음까지의 '인간군상'이 17m 무게 : 260톤로 우람하게 솟아있다.

이 모든 작품들은 자연 하늘·구름·바람·땅·흙·잔디·나무·호수 등과 어우러져, 인생의 모든 것을 이야기해 주는 듯하다.

03 원형기둥 '인간군상' 조각탑
04 심술쟁이 조각

OG-11   타롯 조각공원

Giardino dei Tarocchi, Capailbio, Italy, 1979-

설립배경

프랑스의 대표적 여류조각가인 니키 드 생팔 Niki de Saint Phalle, 1930-2002 에 의해 이태리 토스카나 지방에 1979년부터 조성되기 시작한 조각공원으로 작가가 어린 시절 바르셀로나에 있는 가우디의 구엘 공원을 구경하고서 이와 같은 조각공원을 만들 결심을 하였다고 한다.

한 작가가 하나의 주제를 가지고 오랜 시간에 걸쳐 만들어진 이 타롯 조각공원은 기존의 개념과는 다른 새로운 의미를 가진 조각공원이라고 할 수 있다.

조성특성

이태리 카드 놀이인 타롯에 등장하는 22개의 신비스러운 형상을

01   타롯 조각공원 원경

토대로 거울·도자기 등을 이용하여 분수로 만들거나 전기로 움직이게 하는 등 매우 환상적인 조각공원을 자연 지형을 이용하여 조성하였다.

02 중앙부분의 분수조각
03 조각 작품-01
04 조각 작품-02

작가 Niki de Saint phalle, 1930-2002
소재지 Capailbio, Italy
전화 + -0564-896022
참고문헌 서상우, 조각공원의 도시환경적 역할, 국민대 조형논총 12집, 1994.

OG-12 하꼬네 조각공원
Hakone`s Open-Air Museum, Hakone, Japan, 1969

설립배경

일본의 온천지대로 유명한 하꼬네箱根 국립공원 내 자연경관과 어우러진 아름다운 야외 조각공원'조각의 숲' / 彫刻의 森으로 후지 산께이Fuji-Sankei: 富士産經 그룹이 조각예술의 보급과 발전 그리고 일본문화 향상이라는 목표로 1969년 창설했다.

01 전경

조성특성

하꼬네 조각공원은 고산高山 관광지대로, 입구에 들어서면 전체가 한눈에 보인다.

외국작가 21명과 일본 작가 45명의 작품 350여 점이 산과 하늘을 배경으로 전시되었고, 공원 내에는 실내 회화繪畵 상설전시장과 도자기 작품 위주의 피카소 파빌리온Picasso Pavilion이 포함되고 있다.

02a 부분전경 -01
02b 부분전경 -02
02c 안내도

03 헨리 무어 코너
04 회화관(繪畵館)
05 헨리 무어 작품

세계조각공원

06 부분 전경
07 헨리 무어 작품

소재지	神奈川縣 足柄下郡箱/ The Hakone Open-Air Museum
기본설계	조각가 井上武吉
대지규모	70,000m²
소장품수	350여점
전화	+ -0460 (2) 1161
개장시간	3~10월(하절기) 09:00-17:00
	11~2월(동절기) 09:00-16:00 연중무휴
참고문헌	이종선, 조각의 森 미술관, 현대미술관회 뉴스, 1980
	The Hakone Open-Air Museum

OG-13 반기 조각공원
Museo Vangi-Sculpture Garden, Vangi, Japan, 1995-2002

설립배경

반기 조각공원 뮤지엄이하 반기 조각공원으로 약칭은 이탈리아의 대표적 현대조각가 반기Guiliano Vangi, 1931- 의 개인전이 이탈리아 후로렌스Forte di Belvedere, Florence 대광장에서 개최된 것에 영향을 받아, 일본 반기 조각공원을 건립하게 되었다.

이 조각공원의 설계자 Junzo Munemoto宗本順三, 1945- 와 Toshiki Shibahara紫原利紀, 19 - 는 1989년 설립된 RAUM 공동대표이고, Munemoto는 1995년 이후 Kyoto京都 대학 교수로, 한국과의 인연은 2002년도 제 6회 한국박물관건축학회 주최 '서상우 교수 정년퇴임기념 국제학술대회'에 초빙되어 '도시개발 전략으로서 뮤지엄의 역할과 도전'이란 주제의 논문을 발표한 일이 있다.

01 전경

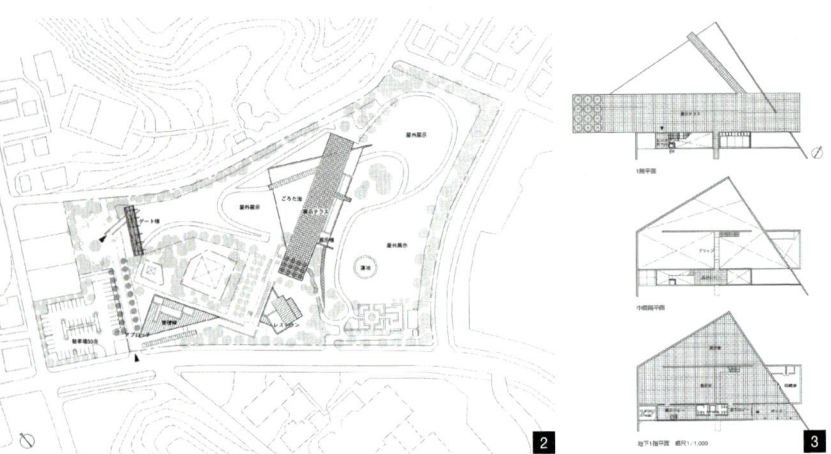

02 배치도
03 평면도 a·b·c

조성특성

　반기 조각공원은 적당히 언덕진 곳에 세 동棟으로 분산 배치되었고, 외부 조각공원은 상징적인 게이트gate동으로 부터 전개 되었으며, 전시동을 가로질러 후원까지 연장 배치되었다.

　실내 전시동은 조각공원 중앙에 가로놓여 전정과 후정의 높이가 다른 조각공원을 양분시킨 배치이고, 관리동은 이등변삼각형으로 입구에 배치되었으며, 레스토랑동은 관리동과 전시 동 사이에 독립적이어서 야외에서의 이용이 용이하다.

　Vangi 조각을 전시하기 위한 전시동은 조각공원에 길게 뻗은 전시테라스를 통해 지상에서 지하로 진입되고, 지상에는 진입홀 뿐으로 중간 지하층 전시로비에서 브리지bridge를 통해 지하 1층 전시실로 내려가게 된다.

　지하 전시공간은 사다리꼴로 2개 층이 오픈 된 무주공간無柱空間으로 어떤 전시도 가능한 높은 천장을 가지고 있으며, 후정으로 연결

04 조각공원에서 본 뮤지엄
05 전시공간 내부에서 본 외부
06 내부 전시공간

된다.

　Vangi 뮤지엄의 건축은 Vangi 작품의 특성에 따라 장식이 전연 없는 노출콘크리트 박스로, 조각 감상에 방해가 되지 않는 간결한 조형 특성을 갖는다.

소재지	347-1 Clernatis No Oka, Higashino, Nagizumi-Cho, Shizuoka 411-0931, Japan
설계자	Junzo Munemoto + Toshiki Shibahara
대지규모	24,352.71㎡
전시동 연면적	1,932.55㎡
규모	지상 1층·지하 1층
개관	2004
설계기간	1995.10-2001.03
공사기간	2001.05-2002.04
전화	+-055-989-8787
팩스	+-055-989=8790
개장시간	(하절기) 10:00-18:00
	(동절기) 10:00-17:00 수 휴관
참고문헌	서민우 외, 21세기 새로운 뮤지엄건축, 2014. 기문당. pp.435-438
	新建築 2002.10, pp.158-163
	宗本硏究室 年誌 / 2003年度, pp.292-299

OG-14 상하이 조각공원
Shanghi Sculpture Space Redtown, Shanghi, China, 2005

설립 배경
상하이 조각공원-레드타운紅坊은 도시재생과 재활을 위해 정부가 후원하고 도시조각위원회가 계획한 문화프로젝트로, 1950년대 건설되어 1989년까지 철강을 생산하던 철강산업단지를 2005년에 예술단지로 변신시킨 것이다.

조성특성
옥외광장은 조각공원으로 조성하고, 그 주변의 오래된 공장건물들은 문화공간전시장·아트샵 등으로 개조하여 복합문화공간으로 조성한 사례이다.

공장건물은 최소한의 리노베이션으로 조각작품을 주로 전시하고, 외부에는 조각공원을 조성하여 상하이 조각 페스티발도 개최하는 명소가 되었다.

01 전경
02 조각공원
03 조각작품-01
04 조각작품-02

소재지　Shanghi, China
설계자　James Brearly, BAU International
대지규모　69,300m2
개관　2005
참고문헌　서민우 외, 21세기 새로운 뮤지엄건축, 기문당, 2014, p.34
　　　　공간, 2007. 08 477호, pp.46-49

OG-15   서울올림픽 조각공원
Seoul Olympic Sculpture Park, Seoul, Korea, 1988

설립배경

1988년 서울에서 열린 '서울올림픽대회'를 기념하기 위한 문화올림픽행사세계현대미술제 제1·2차 국제야외조각심포지엄과 국제야외조각심포지엄, 그리고 국제야외조각대전의 하나로 전 세계 조각가를 초대하여 현장에서 작업한 36점의 작품과 올림픽 참가국 중 지역별로 선정된 66개국 155명의 작품들을 기증 받아 이루어진 야외 조각공원이다.

이 조각공원은 빼어난 자연환경과 현대조각이 절묘한 조화를 이룬 이상적인 장소로 세계 현대조각의 흐름을 한 눈에 볼 수 있는 격조 높은 예술 공간으로 조성되어있다.

01 전경

조성특성

이곳은 백제시대 몽촌토성이 있었던 문화유적지로 각종 국제경기와 행사, 그리고 시민의 휴식을 위한 다목적 공원으로 조성되었다.

조각 작품들은 몽촌 해자를 사이에 두고 몽촌토성과 대칭을 이룬 곳에 테마별로 배치되고, 대표작인 세자르의 6m 높이의 엄지손가락과 문신의 28m 높이의 스테인리스 작품이 돋보인다.

실내 전시공간으로 '소마미술관'SOMA: Seoul Olympic Museum of Art의 약칭이 있는바, 기획전시·상설전시·올림픽 비디오아트홀 등을 갖추고 있다.

02 올림픽공원 전체 배치도

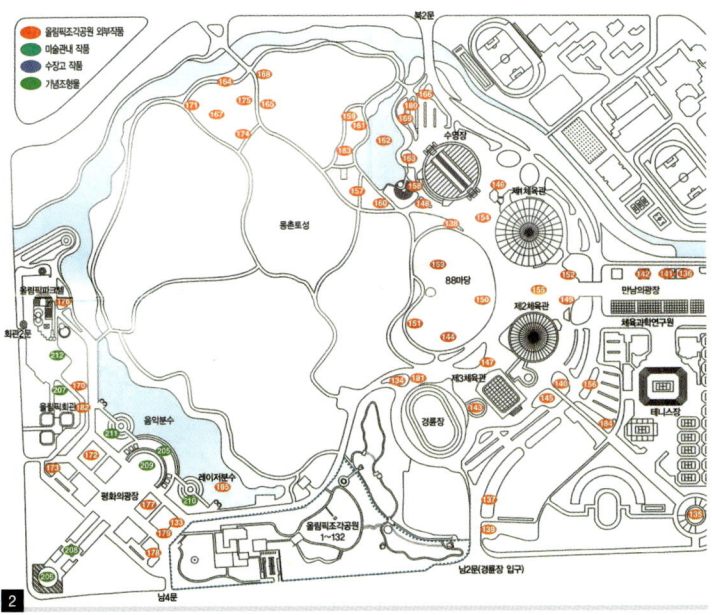

03 세자르의 '엄지손'
04 문신의 '올림피아' 작품구상도
05 문신의 '올림피아', 1988
06 Josep Maria Subirachs(스페인)의 '하늘 기둥'
07 김찬식(한국)의 '사랑'
08 뷔리 폴(벨기에)의 '움직이는 분수'
09 Alexandru Arghira(루마니아)의 '열림'

6

7

8

9

76 세계조각공원

10 다나카의 '무한에 이르기까지의 여정'
11 아마라의 '대화'

소재지	서울시 송파구 올림픽로 424(방이동) 올림픽공원 내
설립자	올림픽조직위원회 (회장 박세직)
대지규모	610,170m² 소마미술관 연면적 2,883m²
작품수	222점 중 야외전시품 196점
전화	+02-410-1334, 425-1077
팩스	+02-410-1339
	www.somamuseum.org
개장시간	10:00~22:00

OG-16 노을공원 조각공원
Sculpture Garden of Noeul Park, Seoul, Korea

설립배경

원래는 한강변에 위치한 '난지도'라는 섬으로, 그 섬에 1978년부터 15년간 천만 명의 서울시민들의 쓰레기 매립지 역할로 쓰레기 산山을 이룬 곳인데, 1996년부터 서울시가 정화사업을 벌려 얻어진 땅으로, 버려진 땅이 새로운 생명의 싹이 움터 재생과 부활의 기적을 이룬 '생명의 땅'으로 복원되었다.

2002년 5월 '월드컵공원'으로 새롭게 태어난 이곳은 '평화의 공원'과 '하늘공원' 그리고 '노을공원'으로 조성되었고, 그 중 노을공원은 '파

01 조각공원

크골프장'과 더불어 야외조각장으로 쓰이며, 야외조각장에는 첫 번째 단계로 선정된 국내를 대표하는 현대조각가 10명의 작품 10점이 설치되었다. 선정위원: 오광수·유희영·윤진섭·윤범모·서성록·최태만

조성특성

노을공원 야외조각장은 당초 '미니 골프장'으로 계획되었으나 시민들 여론에 따라 취소되고, 조각공원으로 조성하게 되었다.

1단계로 선정된 국내를 대표하는 현대조각가 최만린·박종배·이종각·강은엽·김청정·김광우·박석원·심문섭·김영원·강희덕의 작품들이 일정한 거리를 두고 각기 독립적으로 조성되었기 때문에 자연지형과 탁트인 한강이나 서울시내를 원경으로 하고 있어서 어느 조각공원보다도 특성을 가진다.

300 조각공원의 사례연구 / 310 야외 조각공원

02 심문섭의 '제시'
03 강희덕의 '약속의 땅'
04 최만린의 'Nanji Aurora'
05 박종배의 '도전'
06 박석원의 '적의(積意)'
07 김청정의 '천·지·인 3'
08 이종각

09 김영원의 '홀로 서기'
10 김광우의 '자연+인간'

소재지	서울시 마포구 월드컵로 243-60 (월드컵공원 내)
설립자	서울특별시
대지규모	34만㎡(노을공원)
작품 수	1단계 10점
전화	+02-300-5529
	http://worldcippark.seoul.go.kr
개장시간	일몰시간+약 2시간
참고문헌	월드컵공원 안내서

OG-17 수원 올림픽 조각공원
Olympic Sculpture Garden of Suwon, Korea, 1988-90

설립배경

수원의 올림픽공원은 제 24회 '88서울올림픽대회 개최 기념으로 수원시청 앞에 설립한 도심공원으로, 그 중 대로변과 나란히 조각공원을 조성하고, 올림픽과 관련된 주제의 조각 14점이 전시되었다.

01 조각공원 전경

조성특성

수원 올림픽공원 내 대로변 제일 좋은 입구에 시민의 휴식을 겸한 조각공원이 조성되었으며, 대부분 올림픽과 관련된 상징성을 나타내고 있다. 그 좋은 예로 김인겸의 '화합 88'은 올림픽 심볼 안에 오륜의 연결된 고리가 지니는 화합의 이미지를 결합한 작품으로 두 개의 수직과 수평의 큐브가 각각 발전과 미래의 안정과 평화의 의지를 상징하고 있다.

1. 묵시공간, 김인겸, 1990
2. 화(和), 안찬주, 1990
3. 여울, 홍장기, 1990
4. 문 1988, 오의석, 1990
5. 생명, 강대철, 1990
6. 화합, 김인겸, 1988
7. 자연 + 인간 + 우연, 김광우, 1990
8. 가족, 민혜홍, 1990
9. 고향의 문, 안병철, 1990
10. 천공 '89—비상, 조재구, 1990
11. 꿈속, 유용환, 1990
12. 공간결합, 우무길, 1990
13. 대화, 김신옥, 1990
14. 난파 홍영후, 김왕현

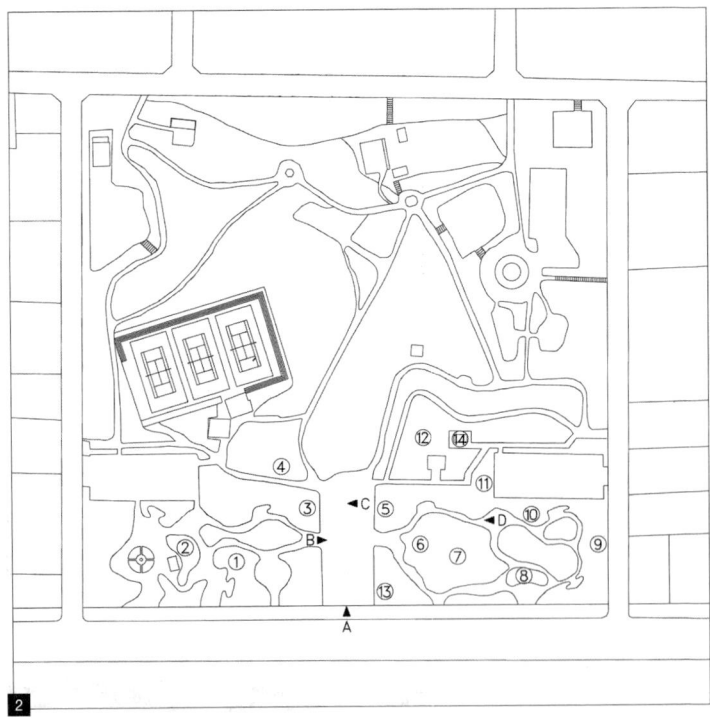

02 전체배치도
03 안찬주의 '화'(和), 1990
04 강대철의 '생명', 1990
05 김인겸의 '화합 88', 1988
06 김광우의 '자연+인간+우연', 1990

소재지 　 경기도 수원시 권선구 효원로 240(권선동) 올림픽공원 내
설립자 　 수원시
대지규모 　 공원전체 58,454㎡
작품 수 　 16점
개장시간 　 종일개방

OG-18 김포 조각공원
Gimpo International Sculpture Park, Korea, 1998-2001

설립배경

1998년 이북과 가장 가깝다는 이유로 '통일'이라는 하나의 주제를 가지고 국내외 조각가들에게 요구해 애기봉 초입에 설립되었다.

'통일'을 주제로 30점1차로 1998년에 16점, 2차로 2001년에 14점이 설치됨의 조각과 공원의 기본 자연지형을 최대한 활용한 예술공원으로 가족 눈썰매장도 있고, 문수산 주변에는 삼림욕과 문수산성도 있어 볼거리가 풍부하다. 그러나 산중에 조성되어 노약자나 신체장애자의 접근이 불가능하다.

조성특성

문수산 자락에 띄엄 띄엄 배치된 조각들이 1.3km 코스에 '통일'이라는 주제로 조성되어 있고, 지상 2층 지하 1층 규모의 실내뮤지엄인 아트홀도 있다.

국내작가 김영원·강진석·원인종 등의 7점과 외국작가 독일의 스테판 발켄홀·스위스의 Sylvie Fleury·프랑스의 Daniel Buren·미국의 Sol Lewitt·영국의 Julia Opie·러시아의 Ilya Kabakov·프랑스의 Jean-Pierre Raynaud 등의 7점 그 외를 합쳐 30여점이 조성되어 있다. 그 중,

 * 프랑스의 Daniel Buren의 '숲을 지나서'는 어디론가 계속 이어진 문을 특유의 조형감각으로 설치한 작품이다. OG-18-03 참조

 * 조성묵의 '메신저' 100x120x100cm, 2001는 통일의 그날까지 주인을 기다리는 빈의자가 미래에대한 희망의 메신저 역할을 하고 있다. OG-18-04 참조

 * 유영교의 '개화' 470x470x310cm, 1998는 분단 이후 계속되는 남과 북의 일방적인 대화를 암시하고, 꽃이 피는 듯한 형상은 통일이라는 내일의 희망을 담고 있다. OG-18-05 참조

 * 원인종의 '숲속의 유영' 알미늄 600x120x60cm, 1998은 유영하듯 떠있는 작품으로 날렵한 동체를 허공에 정박시켰다.

 * 리오바니 안셀모의 '보이는 것' visible은 한반도의 통일이 가능하다는 의미를 나타낸 작품이다.

01 전체 안내도
02 조각공원 입구

세계조각공원

03 다니엘 뷔렌의 '숲을 지나서'
04 조성묵의 '메신저', 2001
05 유영교의 '개화', 1998
06 김영원의 '길'
07 우제길의 '자연 속에서'

소재지	경기도 김포시 월곶면 용강로 13-38 (고막리) (문수산 자락)
대지규모	약 70,000m²
작품 수	약 300여점
개관	2001.10.19
전화	+ 031-989-6700, 031-981-7300
팩스	+ 031-989-7302
개장시간	연중 무휴
참고문헌	황록주, 내사랑 미술관, 아트북스, 2003, pp.114-121

OG-19 안양 아트 파크
Anyang Art Park, Anyang, Korea, 2005

설립배경

과거 '안양유원지'가 '안양 아트 파크'Anyang Art Park로 탈바꿈한 곳으로, 관악산과 삼성산 사이의 삼성천 계곡을 따라 갖가지 문화재와 사찰 및 국내외 유명작가의 조형물이 설치되어 등산·휴식·문화탐방·예술감상 등을 위한 복합예술공간으로 조성되었다.

01 디디에르 피우자 파우스티노의 '1평 타워'
02 사미 린탈라의 '하늘 다락방'
03 MVRDV의 '전망대'

2005년에 개최된 제 1회 '안양공공예술프로젝트'Anyang Public Art Project: 약칭 APAP를 시작으로 제 2회 2007 그리고 제3회2??? 프로젝트까지 삼성산의 자연환경과 어우러지는 공공예술작품을 커미션하여 설치하고, 안양유원지는 '안양 아트 파크'라는 새로운 이름과 더불어 50여 개의 조형물이 설치된 도시 조각공원으로 변신했다.

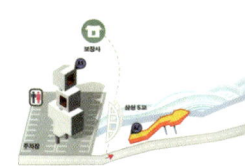

조성특성

안양공공프로젝트에 의한 설치작품들이 안양유원지 내 녹지공간 곳곳에 분산 배치되고, 각각 조성된 장소에 따라 그 특성을 갖는다. 그 사례는 다음과 같다.

* 네덜란드 건축가 그룹인 MVRDV의 '전망대'Anyang Peak는 유원지를 둘러싼 삼성산 자락과 이어지는 시각적 조화가 돋보인다.

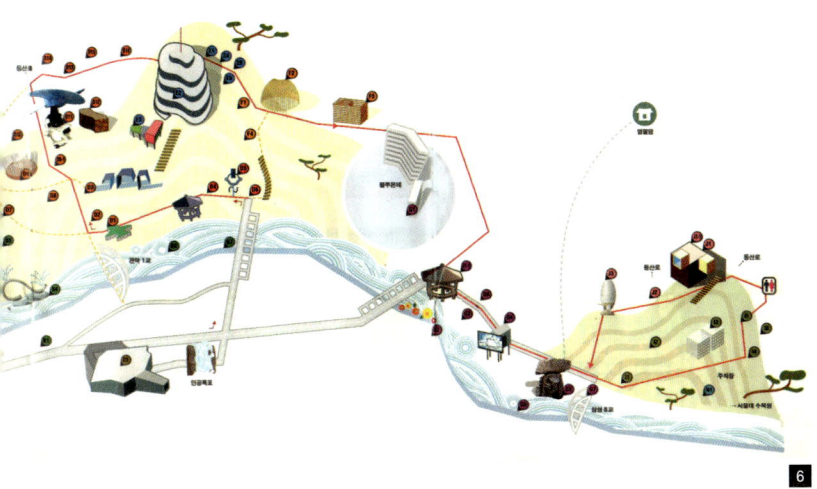

04 프라워터의 '대나무 사원'
05 이승택의 '용의 꼬리'
06 안내도

* 인도네시아 건축가 에코 프라워터의 '대나무 사원'Anyang Shrine은 인도네시아산 대나무를 이용한 돔형식으로 만든 구조물로 엄숙함과 경건함을 풍긴다.

* 중국계 프랑스 설치작가 왕두의 '신기루'Mirage는 유원지 주변에 있는 가게들의 모습을 대리석으로 축소해 도심 정비로 곧 사라지는 존재들을 추억시킨다.

소재지	경기도 안양시 만안구 안양예술공원 (전철 1호선 관악역 하차)
설립자	안양시
대지규모	262,686m²
작품 수	54점 203개
전화	+031-389-5552, 031-389-5550(녹지공원과), 031-389-2062(문화예술과)
팩스	+031-689-5003
	tours@apap.or.kr
개장시간	24시간 개방

OG-20 안산 단원 조각공원

설립배경

안산시가 1991년 문화관광부로부터 '단원'의 도시로 지정 받아 추진한 사업의 하나로, 단원 김홍도의 고장인 안산시에 단원을 상징하는 조각공원을 2001년에 15억원의 사업비로 조성되었다.

즉, 안산공원 산책로에 '단원 김홍도'의 예술혼을 담은 조각 47점이 전시되었고, 단원의 풍속화 22점을 부조 벽화로 되살려 놓기도 했다.

주변에는 '성호 이 익 선생' 기념관과 식물원 그리고 다목적 체육시설이 인접해 있어서 복합테마문화공간 지역을 이루고 있다.

01 진입부 부조벽화
02 중심광장

조성특성

이 조각공원은 중심광장을 비롯하여 조각공원을 상징하는 문주(門柱) 5개와 단원 풍속도 부조벽화 22점 그리고 조각품 55점 등을 조성하고 있다. 이 밖에도 구상조각대전과 단원미술대전 수상작 3점, 지명공모 제작된 작품 8점, 단원미술대전 우수작 8점도 함께 전시되고 있다.

03 윤한수의 '환경보고서-3·c', 2001
04 노준길의 '굴렁쇠', 2001

05 최은동의 '하이힐', 2001
06 김광우의 '자연+인간', 2001
07 김승림의 '박제된 자아', 2003
08 김성용의 '자매', 2001

소재지	경기도 안산시 상록구 이동 715 성호공원 내
설립자	안산시 (시장: 박성규)
대지규모	약 66,116m2 (중심광장 3,872m2)
작품 수	48점
개관	2001.11.24
전화	+ 031-481-3437
개관	2001.10 조각설치 2003.05

OG-21 인천 대공원 조각원
Sculpture Garden of Incheon Grand Park, Korea

설립배경

인천대공원은 관모산과 상아산을 끼고 있는 인천 유일의 자연 녹지 대단위 89만평 공원으로 1982년부터 조성되었으며, 도시생활에 지친 현대인들에게 쾌적한 휴식처를 제공하는 생명의 숲이다. 조각원은 1998년부터 99년까지 조성되었으며, 호수공원과 더불어 인천 대공원의 중심부를 이루고 있다.

조성특성

조각원은 인천대공원 내 호수공원과 더불어 가장 중심부 중요한 위치에 조성되었다.

01 조각공원 전경
02 심문섭의 '은유'
03 안규철의 '나무들의 집', 1998
04 홍승남의 '영'(影)

그 중,

* 홍승남의 '영影'은 스테인리스 스틸 280×150×15cm 정육면체 안에 거울과 같은 금속판을 부착한 작품으로 현대인의 조직을 나타내고 있다.

* 심문섭의 '은유'는 스테인리스 스틸 원기둥 780×400×140cm이 여러 개 서 있는 작품으로 주변의 소나무와 어우러져 자연과의 조화를 나타내고 있다.

* 안규철의 '나무들의 집'은 집모양의 구조물 속에 나무 한 그루가 서 있는 작품을 열려진 틈으로 볼 수 있게 했다.

* 최병춘의 'Vision 21'은 21세기의 비젼을 여러 개의 스테인리스 스틸 각봉으로 상징한 작품이다.

* 24Studio의 'Home'은 일본 고베시와 인천시를 상징하는 두 개의 집이 두 도시의 관계가 언제나 깊어지길 바라는 염원이 담겨져 있다.

05 최병춘의 'Vision 21'
06 24Studio의 'Home'

소재지	인천광역시 남동구 장수동 무네미로 236(산 163)
설립자	인천광역시
대지규모	16,136㎡
작품 수	25점
전화	032.440.5865 대공원 관리사무소 032.466.7282
	http:/grandpark.incheon.go.kr
개장시간	하계 05:00-23:00 동계 05:00-22:00
참고문헌	황록주, 내사랑 미술관, 아트북스, 2003, pp.144-151

OG-22 C 아트 뮤지엄
C Art Museum, Yangpyung, Korea, 2006

설립배경

설립자 정관모 조각가: 성신여대 명예교수, 1937- 가 지난 20여 년 간 운영해 온 제주도의 '제주 신천지 조각공원'을 2004년에 폐관하고, 경기도 양평으로 옮겨와 문화예술·선교를 목적으로 2006년 'C 아트 뮤지엄'네 개의 'C자': 정관모의 Chung, 창조의 Creativity, 기독교의 Christianity, 현대의 Contemporary의 머리글자를 따서 지은 이름을 새롭게 조성해가는 조각공원이다.

01 중앙광장 전경
02 정관모의 '예수상', 2006

조성특성

야외조각공원은 9개의 테마 가든 진입로 변·골고다 언덕길·십자가의 숲·추상조각·시가 있는 동산·동물조각·사실조각·김혜원 조각·조각이 있는 후정 으로 조성되었고, '십자가의 숲'Jesus Hill 앞에 높이 22.5m의 거대한 예수상이 중앙광장을 이룬다. 이 '예수상'Jesus Christ, 2006 은 설립자인 정관모의 대표작으로 예수의 얼굴 조각으로는 세계 최대 규모로 높은 조형성에도 평가받고 있다. 그 밖에도 300여 점의 입체조형물들이 공원 각처에 조성되고 있다.

조각공원 진입부에는 설립자 부부 정관모와 정혜원의 기념관과 편의시설들이 배치되어 있다.

03 아멘 가든(Amen Garden)
04 시(詩)가 있는 동산
05 Jesus Hill
06 진입부 광장
07 뮤지엄 입구

세계조각공원

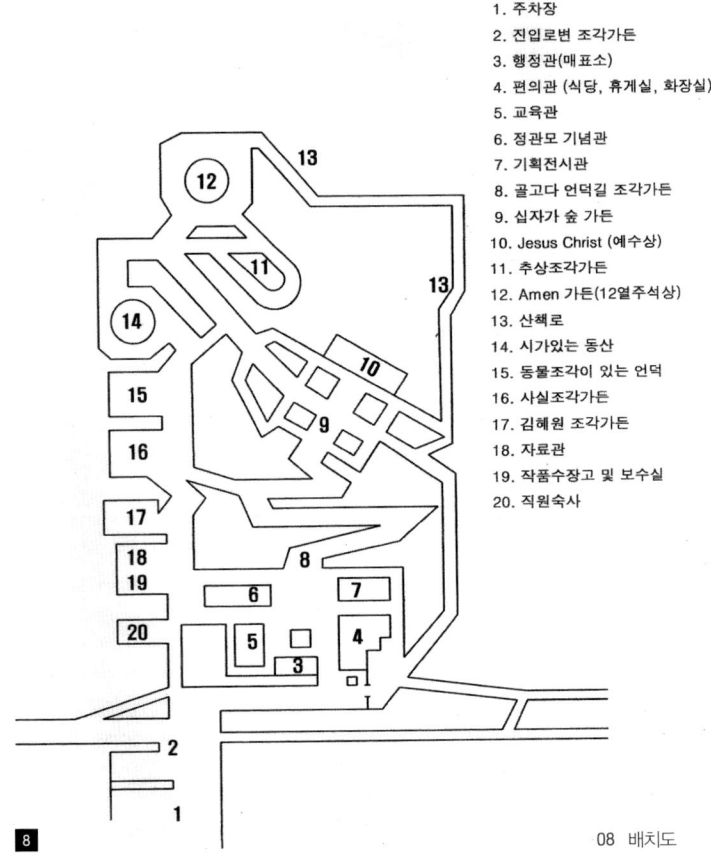

1. 주차장
2. 진입로변 조각가든
3. 행정관(매표소)
4. 편의관 (식당, 휴게실, 화장실)
5. 교육관
6. 정관모 기념관
7. 기획전시관
8. 골고다 언덕길 조각가든
9. 십자가 숲 가든
10. Jesus Christ (예수상)
11. 추상조각가든
12. Amen 가든(12열주석상)
13. 산책로
14. 시가있는 동산
15. 동물조각이 있는 언덕
16. 사실조각가든
17. 김혜원 조각가든
18. 자료관
19. 작품수장고 및 보수실
20. 직원숙사

08 배치도

소재지	경기도 양평군 양동면 다락근이길 57-13(단석리 402)
설립자	정관모, 조각가, 성신대 명예교수, 1937-
건축설계자	안우성
대지규모	230,400m²
실내전시장	3,220m²
작품 수	1,000점(입체 700점·평면 300점)
전화	+031-775-6945
팩스	+031-775-6946
	www.cartmuseum.com
개장시간	09:00-17:00
개관	2006.02.07
참고문헌	경기도 박물관·미술관, 2007
	뮤지엄 허브 양평, 2014

OG-23 목포 유달산 조각공원
Sculpture Park at Mt. Yudalsan, Mokpo, Korea, 1982 재개관 2008

설립배경

1982년 11월 우리나라 최초의 조각공원으로 개원하여 한국조각공원연구회 회원들의 작품을 임대 전시해 왔으나 전시기간이 만료됨에 따라 대부분 교체되었고, 2008년 8월 주변 환경과 조화되도록 재단장하여 재개관 되었다. 특히 외국작가들의 작품은 국제조각 심포지엄을 통해 뛰어난 작품성을 인정 받은 작품들로 국내작가 잠품들과 함께 높은 예술성을 보여 주고 있다. 그리고 이곳에는 조각작품 뿐 아니라 희귀수목의 조경과 분수가 잘 어우러져 있다.

01 조각공원 전경

조성특성

목포시가 한눈에 내려다 보이는 유달산 산자락에 위치한 유달산공원 내에는 체육공원과 자생식물원이 있는 달성공원 그리고 조각작품 46점이 전시되었다.

이 유달산 조각공원은 시민의 자발적인 성금으로 조성되어 10년을 주기로 작품을 교체하고 있다. 그 중 몇 작품의 의도는 다음과 같다.

* 최기원의 '탄생'은 생명의 소중함과 인간애적인 사랑을 주제로 무한하게 뻗어 발전하는 창조의 손을 표현한 작품이다.

* 김인경의 '다도해의 바람'은 태고적 이래로 이 지역을 지난 숱한 역사의 바람을 공간 환기적인 형태로 구성한 작품이다.

* Kevin van Braak의 '서로 바라보기'는 서로의 얼굴을 바라보며, '나'임을 확인하고 있는 듯한 작품이다.

* 박석원의 '적의積意 9328'은 자연과 인간의 만남과 윤회하는 삶을 은유적으로 표현한 작품이다.

02 최기원의 '탄생', 1994
03 김인경의 '다도해의 바람'
04 백승엽의 '바다-파도'
05 Kevin van Braak의 '서로 바라보기'
06 박석원의 '적의(積意) 9328'

소재지　　전남 목포시 목원동 (죽교동) 유달산 내
설립자　　조각가 김영중
대지규모　48,000㎡
작품 수　　46점
개관　　　1982.11
재개관　　2008.08
전화　　　+061-242-2344(관리사무소)　061-270-8357,8359
　　　　　http://city.mokpo.jeonnam.kr
개장시간　동절기 07:30-18:00　하절기 07:30-18:30
참고문헌황록주, 내사랑 미술관, 아트북스, 2003, pp.246-253

OG-24 광주 상무 조각공원
2000

설립배경

지역민의 문화적 욕구를 충족시키기 위해 광주시가 2000년도에 10억여 원의 사업비로 상무 조각공원을 조성한 것이다.

전국 최초로 야간경관조명시설54개을 설치해 그 유명세를 더하고 있는바, 이는 빛고을 광주의 상징성을 나타낸 것으로 볼 수도 있다.

조성특성

조각의 주제가 '휴먼파크'이기 때문에 공룡·사람손·달팽이·애벌레·돼지 등 대부분 어린이들에게 꿈과 희망을 심어줄 수 있는 작품들로, 환경·공간·지역정서를 고려한 조각가 18명의 작품 22점이 조성되고, 주제별로 배치되었다. 특히 작품 주위에 투강기와 조광기 그리고 광섬유 등의 경관조명시설 설치로 야간에도 작품을 감상할 수 있다.

01 부분전경-01
02 부분전경-02

그 좋은 예로 김숙빈의 '시간을 넘어서는 손'$^{280\times100\times300cm}$ 브론즈의 경우 메마른 기계문명 속에서 따뜻한 온기가 흐르는 사람들을 형상화한 작품으로 인간본연의 생명력이 흐르고 있으며, 인간이 지켜야할 따스한 생명력을 지키고 있는 작품이다.

03 김숙빈의 '시간을 넘어서는 손'
04 이행균의 '가족 이야기'
05 부분전경-03
06 김대성의 '대지의 아이들'

104 세계조각공원

07 이현우의 'The Gate'

소재지	광주광역시 서구 치평동 668-2 상무신도심 시민공원 내
설립자	광주광역시
대지규모	약 32,400㎡
작품 수	22점
개관일	2000.10.20
참고문헌	김봄뫼, 휴먼파크-광주 상무 조각공원, 문화도시·문화복지 99호, 2001.03, pp.64-65

OG-25 김해 연지 조각공원
Yeonji Open Air & Sculpture Garden, Gimhae, Korea, 2001

설립배경

김해시는 가야문화의 옛터의 의의를 재현하기 위한 '가야문화정비 사업'의 일환으로 '김해 연지 조각공원'을 설립하였다. 커미셔너: 김영순

이는 김해시의 역사성과 미래의 전망을 오감으로 체험할 수 있도록 조성되어 시민 문화복지 공원이나 새로운 문화유산으로 자리 잡아 가길 기대한다.

조성특성

국립김해박물관 근처 연지공원 내 역사환경과 연계하기 위해 8곳에 조성하여, 연지공원을 생태공간에서 문화공간으로 바꾸고, 전

01 연지 조각공원 전경-01
02 홍성도의 '올라가기'
03 안석용의 '연지 풍경'
04 정보원의 '무한공간'

05 심영철의 '경계를 넘어'

통 지역문화의 재활과 예술의 역할을 확대하였다.

참여작가 박석원·정보원·전수천·안석용·홍성도·육근병·심영철·김승영의 작품들은 후기 모더니즘 경향의 추상조각이 특징으로 그 중 몇 작가의 작품을 소개하면 다음과 같다.

* 홍성도의 '올라가기'animate 는 '생명을 불어 넣는다'는 뜻으로 연못 가운데 2m 높이로 10개가 설치되었는바, 철기문화의 고도에 만들어진 작품으로 보인다.

* 안석용의 '연지풍경'

* 정보원의 '무한 공간'은 반복된 원판으로, 밤에도 감상할 수 있도록 자체 조명을 장치한 특수 작품이다.

소재지	경남 김해시 외동/ 국립김해박물관 근처 (남해고속도로—김해IC—국립김해박물관)
설립자	김해시 (당시 송은복 시장)
개관	2001.07.14
전화	+055-330-3211(문화과)
	www.yeonjipark.or.kr
참고문헌	황록주, 내사랑 미술관, 아트북스, 2003, pp.262-269
	김영순, 체험문화 꿈꾸는 김해 연지 조각공원, 문화도시·문화복지

OG-26   통영 남망산 조각공원
Tongyong Nammang Open Air Sculpture Park, Korea, 1997

설립배경

항구도시 통영, 아름다운 남해를 한눈에 내려다 볼 수 있는 남망산 언덕에 국내외 저명 조각가 15명의 작품이 사업비 16억 원을 들여 1997년 조각공원을 조성하였다.

조성특성

이우환·박종배 심문섭·황용핑 등은 전통적 의미의 추상조각으로 설치 되었다.
그 중 몇 작품의 특성을 소개하면 다음과 같다.
* 한국의 도홍록은 분수를
* 그리스 출신인 마리다키스의 '물조각'은 파이프를 타고 치솟는 작품이고,

01 남망산 조각공원 입구 표지판
02 다카미치의 '4개의 움직이는 풍경'

* 일본의 이토 다카미치의 '4개의 움직이는 풍경'은 스테인리스 스틸로 4면 기둥 4개를 세워 거울처럼 바다와 관람객을 비추는 작품이다.

03 김영원, '허공의 중심'
04 에릭 티트망, '최고의 순간을 위해 멈춘 기계'
05 질 뚜야르, '잃어버린 조화/몰두'
06 박종배, '물과 대지의 인연'

소재지	경남 통영시 동호동 230-1
설립자	통영시
사업비	1997년 기준 16억 원
대지규모	1만 5700㎡
작품 수	15점
개관	1997.10.1
전화	+055.640.5371(시청)
개장시간	종일 개방
참고문헌	황록주, 내사랑 미술관, 아트북스, 2003, pp.254-261

OG-27 문신미술관 조각공원
Sculpture Garden of Masan Moonshin Museum of Art, Korea, 1994

설립배경

　한국을 대표하는 세계적인 조각가 문신文信, 1923-95의 아뜨리에인 '문신미술관'과 야외에 자신의 작품을 전시한 조각공원이 1980년 프랑스에서 귀국한 이후 1994년에 설립되었다. 그는 일본에서 태어나 파리에서 활동 하였으며, 조각가로 말하기에 앞서 '조형예술가'로 말하지 않을 수 없을 정도로 다양한 작품 활동을 하였다. 그리고 그의 조각은 똑 떨어진 형태를 유지한 일관된 작업을 해 왔으며, 그는 우주와 생명의 운율韻律을 시각화한 작가로 독특하고 심미한 전율을 느끼게 한다. 또한 문 신 조각의 특징은 본질적으로 추상이지만 식물의 씨앗이 자라는 모양이기도 하고, 여러 가지 동식물개미·나비·물고기·우주인·곤충·로케트 등이나 인체의 한 부분을 연상시키며, 다양한 소재로 끊임 없이 갈고 닦은 살아 있는 조각을 구현하였다.

01　미술관 주변 전경
02　미술관 입구의 조각들

미망인 화가 최성숙 문신미술관 관장은 문신미술관을 사회에 환원하기 위해 2003년 문신의 고향인 마산시에 기증했으며, 2010년 마산·창원·진해의 통합으로 '창원시립 마산 문신미술관'으로 운영되고 있다.

지난 2004년 서울의 명문대인 숙명여자대학교에 많은 작품을 기증하여 '문신미술관'관장 최성숙을 운영하고 있다.

03 문신의 '화(和)2', 1989
04 문신의 '화(和)1', 1988
05 문신의 '화(和)3', 1988
06 문신의 '우주를 향하여 4', 1989

조성특성

창원시 마산 앞바다가 내려다 보이는 문신미술관 주변과 연못가 그리고 실내 뮤지엄에 흑단과 브론즈를 소재로 된 자신의 작품105점이 전시되고 있으며, 2010년 건립된 '문신원형미술관'에는 석고 원형 116점이 전시되고 있다.

07 문신 원형미술관 석고조각
08 내외부 작품들

소재지	경남 창원시 마산합포구 문신길 147(추산동) 추산공원 내
설립자	문신, 1923-95
대지규모	4,934㎡
실내전시장	2,028㎡
작품 수	108점
전화	+055-225-7181, 055-247-2100
팩스	+055-225-4795
	http://moonshin.changwon.go.kr
개장시간	09:00-18:00 월 휴관
참고문헌	전수진, 추상 조각가 문신, 이상건축 1994:04, pp.92-95
김다숙, 고향에 남긴 예술세계- 우리 시대 문화 자산이죠, 문화도시·문화복지, 2002:12, pp.4-7
문신 월드컵 기념 바덴 바덴 초대전 책자, 2006

OG-28 제주 조각공원
Jeju Art Park

설립배경

제주 조각공원은 제주의 아름다운 자연 속에 예술과 인간을 하나로 이어 주는 종합예술공간으로 삶의 활력을 더해 주는 관광 제주의 요람으로, 조각가 김영중1977-??이 설립한 한국 최초의 사립 조각공원이다.

01 전경
02 입구에서 본 조각공원
03 조각공원 부분 전경
04 이일호, '아침'
05 이일호, '대지의 여신'
06 김영중, '가족'
07 전망대
08 내부 전시실

조성특성

전체구성은 3각 수정탑·원형광장·혼밭광장·조각광장·일렛당·사랑의 숲·곶자왓길·전망대 등으로 구성 되어 있다.

그 중 조각공원은 산방산 뒷자락 언덕에 중진작가의 조각품들 160여 점이 수려한 자연과 함께 어우러져 있다.

5

6

7

8

소재지	제주특별자치도 서귀포시 안덕면 일주서로 1836 (산방산 뒤)
설립자	조각가 김영중
대지규모	430,000㎡
작품 수	1800여 점
전화	+064-794-9680-3
팩스	+064-798-1371
	http://www.jejuarts.com
개장시간	오전 8시 30분-오후 7시 30분

320 부설 조각공원
Museum Garden(MG)

국립현대미술관 조각공원 박기옥의 '찌앙', 1986

'부설 조각공원'이란 아트 뮤지엄 부속으로 야외 조각공원을 조성한 경우로 실내 전시가 불가능하거나 실내 뮤지엄 전시실의 연장된 야외 전시 형태로, 도심의 오픈 스페이스이거나 도심 오아시스의 역할이 가능하다

MG-01 　록펠러 조각공원
MG-02 　이사무 노구찌 가든
MG-03 　힐쉬호른 조각공원
MG-04 　나셔 조각공원
MG-05 　미네아폴리스 조각공원
MG-06 　오크랜드 뮤지엄 조각공원
MG-07 　크뢸러 뮐러 조각공원
MG-08 　라 빌레트 공원
MG-09 　독일연방 뮤지엄
MG-10 　루이지애나 MoMA
MG-11 　마이트재단 조각공원
MG-12 　국립현대미술관 조각공원
MG-13 　가나 아트 파크
MG-14 　양주시립장욱진미술관 조각공원
MG-15 　모란미술관 조각공원
MG-16 　뮤지엄산 조각공원
MG-17 　조각미술관 바우지엄

MG-01 록펠러 조각공원
Abby Aldrich Rockefeller Sculpture Garden at New York MoMA, New York, NY, USA, 1946-54

설립배경

뉴욕 MoMA는 1929년 세 사람Lillie P. Bliss, Mary Quinn Sullivan & Abby Aldrich, Rockefeller이 설립한 세계 최초의 모던 뮤지엄으로 시작해서 지금까지 여러 번 증개축되었다.

조각정원은 세 사람의 설립자 중 한 사람의 자손인 John D. Rockefeller Jr.의 기부금으로 조성되었고, 뉴욕 도심의 오아시스로 건축가 필립 죤슨Philip Johnson, 1906- 이 이사로 역임하고 있던 1946년부터 54년까지 설계를 담당해 이루어진 것이다.

01 조각정원 -01
02 조각공원 -02

조성특성

뉴욕 도심 속 오아시스로 맨해튼 54번가에 벽 하나로 길과 구분시키면서 뉴욕 MoMA의 중정에 조각정원을 조성한 것이다.

직사각형으로 규모는 작으나 도심지에 만들어진 작은 오픈 스페이스로 뮤지엄의 대공간과 연계되어 개방된 자연을 도입한 시민휴식처로 활용된다.

다음과 같은 주요 작품이 포함되어 있다.

* Aristide Maillo의 'The River', 1938-43
* Gaston Lachaise의 'Standing Woman', 1932
* Auguste Rodin의 'Henri Matisse'
* Alexander Calder의 'Black Window', 1950
* Pablo Picasso의 'She-Goat', 1950
* David Smith의 'Cubi X', 1963
* Claes Oldenburg의 'Geometric Mouse', 'Scale A', 1975

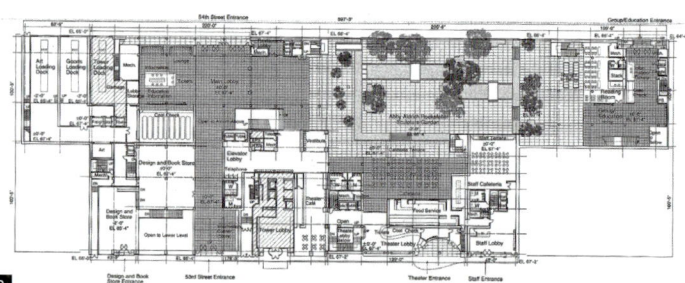

03 지층 평면도
04 조각공원-03
05 조각공원 조감도

조각공원	1930년 건축가 Philip Johnson이 이사로 부임하면서 1946-54년에 조성
소재지	11W, 53rd St., New York, NY, 10019, USA
대지면적	20,540m²
건축연면적	34,560m²
전화	+1-212-708-9400

http://www.moma.org

개장시간 　토-목 10:30-17:45　금 10:30-20:15　수 휴관
참고문헌 　서상우 저서「세계의 박물관·미술관」기문당, 1995, pp.184-189
　　　　　서상우 저서「새로운 뮤지엄건축」현대건축사, 2002, pp.82-87

MG-02 노구찌 가든

The Isamu Noguchi Garden Museum, Long Island City, NY, USA, 1985
2004 재개관

설립배경

세계적인 일본계 미국인 조각가 이사무 노구찌Isamu Noguchi, 1904-88가 뜰이 넓은 공장건물을 개조하여 실내 전시실과 야외조각공원을 설립하여, 돌·금속·나무·진흙조각·프로젝트 모델 들을 포함한 240여 점으로 개관한 것이다.

그는 1904년 미국 LA에서 출생하여 도쿄와 요코하마에서 유년시절을 보냈고, 그의 예술적 비젼에 많은 영향을 미쳤다.

또한 그는 뉴욕에서 예술 교육을 받아 1940년대 뉴욕학파의 중요한 조각가가 되었으며, 이를 계기로 뉴욕이 근거지가 되었다.

01 노구찌 뮤지엄
02 노구찌 작품들

조성특성

1961년 노구찌는 뉴욕 맨해튼에서 Long Island시로 옮겨와 작업하다가, 1985년 이 공장건물을 사서 노구찌 가든 뮤지엄을 마련하게 된 것이다. 즉, 이등변 삼각형 대지 저변에 기존 공장을 실내 전시장으로 개조하고, 그 마당을 옥외 조각공원으로 조성한 것이다.

03 노구찌 작품
04 1층 평면도 겸 배치도
05 조각공원

300 조각공원의 사례연구 / 320 부설 조각공원 **121**

06 노구찌 작품들
07 조각공원

소재지	32-37 Vernon Blvd., Long Island City, NY, 11106 USA
건축연면적	2,200㎡
조각품수	300점
전화	+1-718-204-7088
	http://www.noguchi.org or call
개장시간	수-금 10:00-17:00 토·일11:00-18:00 월·화 휴관
참고문헌	서민우 외 저서「21세기 새로운 뮤지엄건축」, 기문당, 2014, pp.414-416

MG-03 힐쉬호른 조각공원

Hirshhorn Museum & Sculpture Garden, Washington DC, USA, 1974

설립배경

1966년 라트비아Laqtvia 태생 미국인 박애주의자이자 수집가인 조셉 힐쉬호른Joseph H. Hirshhorn, 19 - 은 그의 모든 컬렉션을 정부에 기증하여 힐쉬호른 뮤지엄과 조각공원 건립이 가능하게 되었다.

그 후 1969년 정부기금이 충당되고, 힐쉬호른이 컬렉션을 공여함과 동시에 백만 불을 헌금하며, 다른 많은 후원자들의 도움으로 1974년 개관하게 되었다.

이 뮤지엄은 세계에서 현대 조각품을 가장 많이 소장하고 있는 뮤지엄 중 하나로, 특히 헨리 무어Henry Moore, 19 - 의 작품을 미국에서 가장 많이 소장하고 있다.

조성특성

원형의 중정을 중심으로 링ring의 형상처럼 둘러싸인 실내 건물은 지반 층을 피로티pilotis로 개방하여, 그 개방된 피로티 부분과 옥외 모

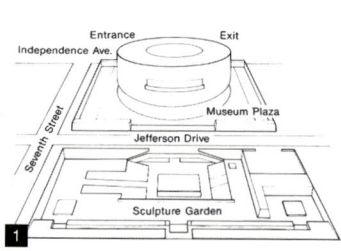

든 공간이 조각전시 할 수 있도록 최대한 개방된 조각정원으로 조성되었다.

 2·3층의 실내 전시실 역시 중정을 향한 회랑형으로 조각을 전시하고 있어 외부의 조각공원과 자연스럽게 연결된다.

 전시된 주요작품 중 다음과 같은 유명 작가의 작품도 포함하고 있다.

* Alexander Calder의 'Two Discs', 1965
* Kenneth Snelson의 'Needle Tower', 1968
* August Rodin의 Group의 'Burghers of Calais', 1884-89
* Joan Miro의 'Lunar Bird', 1944-46
* Henry Moore의 'Figure No.2', 1963
* Alexander Calder의 'Six Dots Over a Mountain', 1956

01 입체도
02 전경-01
03 Aristide Maillo의 'The Nymph'
04 전경-02

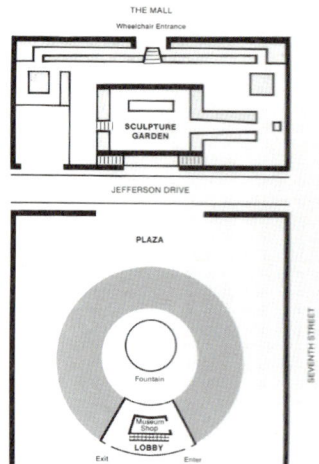

5

6

7

300 조각공원의 사례연구 / 320 부설 조각공원 125

05 평면도 겸 배치도
06 전경-03
07 전경-04
08 Gaston Lachaise의 'Standing Woman', 1932
09 Henry Moore의 'King and Queen', 1953

소재지   Independence Ave. at 8th St., SW, Washington DC, 20560 USA
설계자   Gordon Bunshaft, New York SOM
건축연면적   20,096㎡
전화   +1-202-357-2700, 633-4674
http://www.hirshhorn.si.edu
조각품수   65점
개장시간   10:00-17:00 연중무휴
참고문헌   서상우 저서「세계의 박물관·미술관」기문당 , 1995, pp.198-203

MG-04 나셔 조각공원
Nasher Sculpture Center, Dallas, TX, USA, 2003

설립배경

부동산 개발업과 금융업으로 부를 축적한 레이먼드 나셔Raymond Nasher, 19 - 와 그의 아내인 패시Patsy에 의해 수집된 컬렉션은 그 규모와 질적 수준으로 전 세계 유수 뮤지엄으로부터 유치경쟁이 있었으나, 부인이 사망한 후 두 사람이 컬렉션한 작품들을 나셔가 자신의 사업을 일으켜 성공가도를 달리게 된 시발점이 되었던 텍사스주 달라스Dallas, TX를 지정하여 7천만 달러에 달하는 비용을 조달하여 자신의 조각공원을 설립한 것이다.

나셔는 1997년 스위스 바젤에 위치한 베이어라 재단Beyeler Foundation 뮤지엄이 준공되었을 때 만난 건축가 렌조 피아노Renzo Piano, 1937- 와 조경계획가인 피터 워커Peter Walker, 19 - 에게 신축 뮤지엄의 설계를 의뢰하여 조성된 것이다.

조성특성

달라스Dallas 시내 한 블록을 차지한 시민의 휴식처인 나셔 조각공원은 달라스의 예술적 발전을 도모하고 있다.

5,666㎡ 크기의 조각공원에는 90그루 이상의 나무가 심어져 있고, 그 주변에는 석조길·연못·분수 등과 어우러져 사색할 수 있는 도심의 오아시스를 조성하고 있으며, 가든 내에는 약 25개의 대형 조각품이 독립적으로 뜰에 놓여 있기도 하고 작은 소품들은 받침대에 올려져 전시되고 있다.

북쪽 끝에는 투레James Turrell, 1943- 의 'Skyspace'가 독립적으로 놓여 있고, 그 밖의 주요작품들은 다음과 같다.

* Richard Serra의 'My Curves Are Not Mad', 1987
* Mark di Suvero의 'Eviva Amore', 2001
* Alexander Calder의 'Three Bollards', 1970
* Rechard Deacon의 'Like a Bird', 1984

01 조각공원-01
02 조각공원과 실내뮤지엄
03 조각공원-02
04 조감도

128 세계조각공원

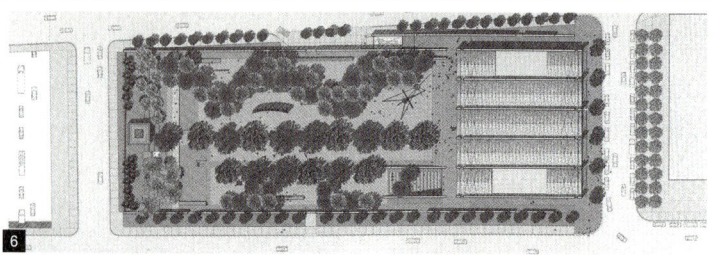

05 조감도
06 배치도
07 전시장 외관

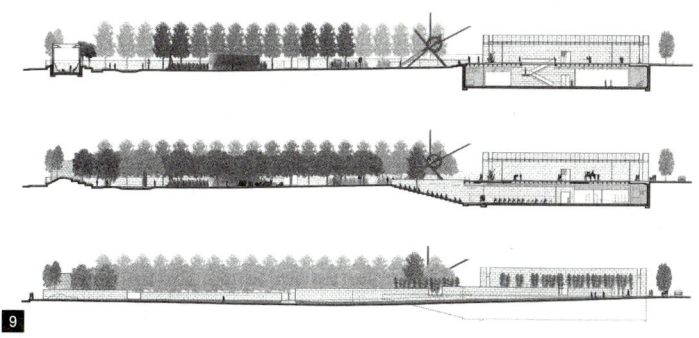

08 전시공간
09 입면 및 단면도

소재지　　2001 Flora St., Dallas, TX, 75201 USA
건축설계　Renzo Piano, 1937-
조경설계　Peter Walker, 19 -
대지면적　5,666m²
실내뮤지엄　5,109.5m²
개관　　　2003.10
전화　　　+1-214-242-5100
팩스　　　+1-214-242-5155
http://www.nashersculpturecenter.org/
조각품수　25점
개장시간　화~일 11:00-17:00 월 휴관
참고문헌　서민우 외 저서 「21세기 새로운 뮤지엄건축」, 기문당, 2014, pp.417-420

MG-05 미네아폴리스 조각공원
Walker Art Center & Minneapolis Sculpture Garden, MN, USA, 1988-2005

설립배경

약 130년의 역사를 자랑하는 워커 아트 센터Walker Art Center는 1879년 설립자인 워커Thomas Barlow Walker, 18 - 의 집과 차고 사이에 작은 전시장을 지어 일반에게 자신의 소장품을 공개함으로써 'Walker Art Gallery'로 시작되었다.

01 조각공원

그 후 1940년 대 Mrs Gilber Walker의 기부금으로 시작해서, 1988년 공공녹지공간인 Walker Art Center 옆에 조각공원이 오픈되었고, 1993년 북쪽으로 증축된 정원은 조경사인 Michael van Valkenburg에 의해 확장되었으며, 특히 Claes Oldenburg와 Cooje van Bruggen의 'Spoonbridge & Cherry'는 이 도시의 상징물이 된 팝아트 작품으로 유명하다.

그리고 1927년·1944년·1971년·2005년까지 네 번의 성장을 거듭한 끝에 전체 면적이 12,045㎡에서 44,515㎡로 늘어났으며, 연간 방문자수가 미국 내에서 열 번째 안에 들 정도가 되었으며, 조각정원은 워커 아트센터와 긴밀한 협조 관계를 유지하고 있다.

02 Claes Oldenburg & Coosje van Bruggen의 'Spoonbridge & Cherry', 1977–83
03 전체 배치도

조성특성

워커 아트센터와는 분리된 이 조각공원은 세계 각국의 유명 조각가의 작품 40여 점이 설치되어 있다.

도시의 고층 건물을 배경으로 탁 트인 넓은 이 조각공원은 정사각형으로 구획된 정원 속에는 대형 조각들이 하나씩 설치되고, 그 외는 열린 정원으로 개방 되었는바 연못 가운데 올덴버그의 '스픈 브릿지와 체리'Spoonbridge & Cherry, 1977-83, by Claes Oldenburg & Coosje van Bruggen가 인상적으로, 이 작품은 전체 길이가 15m 이상이나 되는 숟가락이 무지개 다리를 만들고 숟가락 위에 체리를 올려놓았는데 분수역할을 하고 있다. 그 밖에도 Alexander Calder의 'Octopus'1964와 'The Spinner'1966, Mark di Suvero의 'Molecule'1977-83, Judith Shea의 'Without Words', 1988 등이 포함되어 있다.

04 신·구관 전경
05 초기 아트 갤러리 전면
06 야외 오픈 스페이스
07 신·구관 단면도

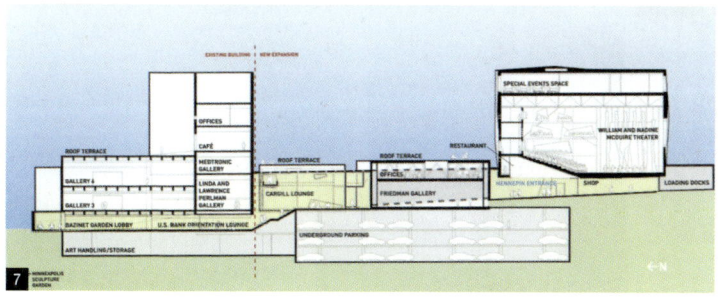

소재지	1750 Hennepin Ave., Minneapolis, MN, 55403 USA
조경설계	Edward Larrabee Barnes; Michael Van Valkenvurgh
건축설계	Edward Larrabee Barnes; Herzog & de Meuron
대지면적	약 11만㎡
뮤지엄 연면적	25,800㎡
전화	+1-612-375-7600
	http://www.walkerart.org
조각품수	40점
개장시간	화~일 11:00-17:00 목 11:00-21:00 월 휴관
참고문헌	서민우 외 저서 「21세기 새로운 뮤지엄건축」기문당, 2014. pp.421-430
	서상우 논문, 조각공원의 도시 환경적 역할, 국민대 조형논총 12집, 1994
	이성미 저서 「내가 본 세계의 건축」한국건설산업연구원, 2000, pp.253-257

MG-06 오크랜드 뮤지엄 조각공원
Oakland Museum, Oakland, CA, USA, 1961-68

설립배경
도시적 건축이나 공원을 보존하고 자연을 도심 속에 도입한 시민의 휴식처로 조성하기 위해 전시공간을 지하에 두고 그 상부에 녹지공간을 구성하여 조각공원으로 조성함으로서 도시공간을 풍요롭게 한 오크랜드Oakland 시의 성공적 사업이다.

조성특성
이 뮤지엄의 조각공원은 도심에 위치한 법원청사와 마주하면서 3방 도로에 접한 경사지로, 실내 전시공간은 지하에 처리하고 녹지공간은 그 상부에 조성함으로써 녹지공간의 보존과 뮤지엄의 성립을 동시에

01 조감도-01
02 조감도-02

해결한 성공적 사례이다. 따라서 옥외 광장과 건물지붕의 정원은 시민의 이용을 동시에 해결하고, 자연을 도심에 끌어들여 쾌적한 휴식공간을 조각공원으로 실현한 것이다.

03 조각공원 부분
04 전시공간

소재지	Oakland, CA, USA
건축설계	Kevin Roche & John Dinkeloo
조경설계	Dan Killey 사무소
대지면적	31,161m²
건축연면적	10,108m²
조각공원	2,453m²
전화	+64-9-309-0443
	http://www.aucklandmuseum.com
개장시간	오전 10시-오후 5시
참고문헌	서상우 저서 「세계의 박물관·미술관」 기문당, 1995, pp.179-183

MG-07 크뢸러 뮐러 조각공원
Kroller Muller Sculpture Garden, Otterlo, Netherland, 1961

설립배경
크뢸러 뮐러 뮤지엄은 실업가 크뢸러 밀러(kröller Müller, 18??-1939)의 개인 컬렉션을 모태로 1938년 개관 되었으며, 그 후 1961년 조각공원이 조성되었다.

조성특성
800여 점의 컬렉션은 19세기와 20세기 근대미술작품으로 그 중 100점 가까운 반 고호의 유채화는 장관이란 말이 무색할 만큼 아름답다.

01 조각공원
02 Claes Oldenburg의 'Trowel'
03 Evert Strobos의 'Palissade'
04 Jean Dubuffet의 'Jardin d'email'

뮤지엄 설계 Henry van de Velde
최초 개관   1938년, 조각공원으로 재 개관은 1961년
참고문헌   Sidney Lawrence 외, Music in Stone, Scara Books, 1984, pp.116-121

MG-08 라 빌레트 공원
La Parc de la Villette, Paris, France, 1982-98

설립배경

도시공원 혹은 도시 가운데 정원인 라 빌레트 공원은 새로운 정신을 반영한 녹색지대로 자율적이고 대중적 시설로서 일종의 여가지대이다. 즉, 산책이나 축제의 공원으로 과학산업관·그랜드홀la Grande Halle·음악도시 등 매우 다양한 문화의 총체를 이루고 있다. 이 공원은 국제설계경기공모로 츄미Bernard Tschumi, 1944가 당선되어 시행된 섬세하면서도 빈틈 없이 구상되었다.

조성특성

파리 동북부 기슭에 자리한 이 대공원35ha은 붉은 에나멜로 칠한 폴리folly들이 일정한 간격으로 배치되었고, 이들은 여러 가지 용도로 쓰이며, 일정한 볼륨이지만 각기 다른 모양으로 나란한 선상에 놓여 있다.

01 폴리-1
02 폴리-2
03 배치도

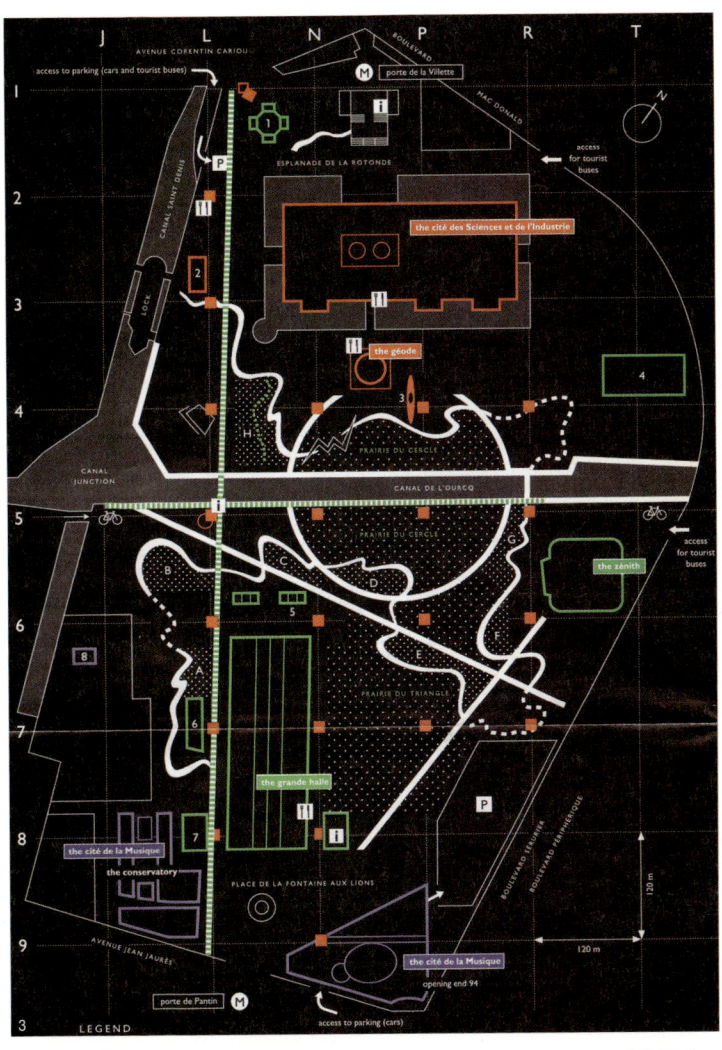

■ 폴리

소재지	La Villette, Paris
설계자	Bernard Tschumi
대지규모	35ha
개관	1998

MG-09 독일연방 뮤지엄
Die Kunst-und Ausstellung der Bundesrepublik Deutschland, Bonn, Germany, 1992

설립배경

독일연방공화국의 미술과 정신문화의 다양성을 소개하고 다른 나라와의 문화교류와 교육행사를 목적으로 건립되었다. 또한 옥상정원에는 환기와 채광을 위한 3개의 원추형 탑과 더불어 옥상조각공원을 이루고 있다.

조성특성

지붕정원은 지붕을 평범하게 두지 않는 건축가 Gustav Peichl[1928-]의 건축적 특성에 따라 세 개의 원추형 탑과 조각 작품으로 조각공원을 조성하고 있어서 단순한 사각형 뮤지엄 건축과는 대조적으로 멀

리서도 인지되는 상징물과 같으며, 계속적으로 야외조각전시회가 열리고 있다.

그리고 마주하고 있는 본 시립미술관Kunstmuseum, Bonn, 1985-92, Axel Schultes 사이공간의 광장에는 '미로의 정원'Labyrinth과 독일의 16개 연방주를 상징하는 16개의 대형 원형기둥이 상징적인 환경 조각물로 설치되어 있다.

01 옥상 조각공원
02 전경
03 전면광장의 조각

소재지	Friedrich-Ebert-Allee 4, Bonn, Germany
건축설계	Gustav Peichl, 1928-
옥상정원	2,600㎡
전화	0228-9171-200
참고문헌	서상우 저서 「세계의 박물관·미술관」, 기문당, 1995, pp.294-299
	서상우 논문, 조각공원의 도시환경적 역할, 국민대 조형논총 12집, 1994

MG-10 루이지애나 MoMA
Louisiana MoMA, Louisiana, Denmark, 1958-64

설립배경

1956년 크누트 엔센Knud Jensen, 1936-60에 의해 설립되었는바, 루이지애나Louisiana라는 이름은 1855년 이 부근 일대를 매입한 알렉산더 브룸이라는 사람이 이곳에 저택을 짓고, 부인의 이름 '루이센의 집'이라는 뜻에서 유래되었다. 1960년대부터 구미 제국의 미술품을 컬렉션 하

01 조각공원-01
02 전체 배치도 겸 평면도
03 기존 저택과 조각공원
04 조각공원-02
05 조각공원-03
06 조각공원-04

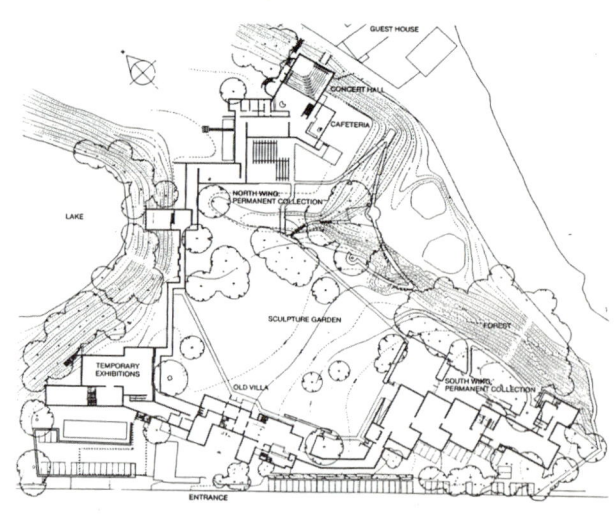

는 방향으로 전환하여 20세기 미술이나 덴마크의 공예품을 위한 뮤지엄으로 전환하였다.

조성특성

코펜하겐에서 북방으로 30-40㎞ 떨어진 교외, 마치 숨겨진 듯 한 해변에 호수와 바다사이에 위치한 전원에 주변 환경과 더불어 조화를 이루고 있으며, 150년 전에 세워진 빌라old villa였던 기존 저택을 중심으로 소박한 건축의 실내 전시장들이 양 날개로 펼쳐져 있고, 그 사이에 조각공원이 중심을 이룬다.

소재지　　G1. Strandv더 13, Humlebo다-Danema가, Louisiana, Denmark
대지규모　　41,300㎡
옥외 전시면적 7,800㎡
건물연면적　8,500㎡
참고문헌　　서상우 저서 「세계의 박물관·미술관」, 기문당, 1995, pp.72-77

MG-11 마이트재단 조각공원
Maeght Foundation Sculpture Garden, Saint-Paul-de Vence

설립배경

모던아트의 영적 고향인 French Riviera에 있는 Saint-Pau-de-Vence에 Marguerite와 Aimé Maeght재단이 만든 뮤지엄 주변에 Alberto Giacometti·Joan Miró·Marc Chagall·George Braque·Fernand Léger·Alexander Calder·Raoul Ubac 등의 작품을 설치하고 있다. 실내 뮤지엄은 José Luis Sert의 작품으로 주변 환경과 조화를 이루도록 지붕을 곡면으로 강조했다.

01 전경
02 Joan Miro의 'The Fork'
03 Joan Miro의 'Labyrinth'
04 Alexander Calder의 'Humptulips'

조성특성

다수의 조각품과 도자기 그리고 모자이크 작품들이 연못 중앙과 테라스 그리고 안뜰에 배치되었다. 입구에 있는 소나무 숲에는 Calder의 Stabile과 Ossip Zadkine의 청동조각을 포함하여 여러 작품들이 조성되고, 뜰에는 Giacometti의 기괴한 작품들이 펼쳐져 있다.

소재지	The French Riviera, Saint-Paul-de-Vence
건축설계자	José Luis Sert
설립자	The Marguerite와 Aimé Maeght Foundation
참고문헌	Sydney Lawrence 외, Music in Stone, Scara Books, 1984, pp.104-109

MG-12 국립현대미술관 조각공원
Sculpture Garden of The National Museum of Contemporary Art, Gwacheon, Korea, 1982-86

설립배경

국내 최초의 국립현대미술관으로 1969년 10월 덕수궁 석조전에 발족되었다가 1986년 과천으로 이전하게 되면서, 전시관 전면과 서측 광장에 조각공원이 조성되어 있으며, 약 33,000㎡ 규모로 야외음악회·

공연·축제 등 여러 가지 행사가 열려 종합문화공간의 역할도 하고 있다. 이곳은 4계절 마다 특성 있는 자연환경이 수려한 곳으로 서울대공원과 대규모 위락시설인 서울랜드가 함께 한다.

조성특성

조각공원은 대공원 입구에서 진입하면서 국립현대미술관 전면광장과 좌측 동산에 이르는 광대한 야외공원에 자리하고 있다.

즉, 대부분의 외부공간을 조각공원으로 조성하고 있기 때문에 휴식과 산책 등을 겸할 수 있으며, 현재 김정숙·이우환·김광우·박기옥·유영교·조나단 보로프스키·쿠사마 야요이 등 국내외 유명작가들의 작품 85점이 전시되고 있다.

01 전경-01
02 전경-02
03 Jonathan Borofsky(1942-)의 '노래하는 사람', 1994
04 박기옥의 '짜임', 1986

148 세계조각공원

05 유영교의 '삶의 이야기', 1986
06 김찬식의 '정', 1986

기본설계	김태수 (1936–), Tai Soo Kim Partner
설계자	김인석 (1931–), 일건건축
소재지	경기도 과천시 광명로 313 / 서울대공원 내
대지규모	66,116m² 조각공원 33,000m2
전화	02-2188-6000
팩스	02-2188-6121
	hppt://www.mmca.go.kr web.www.moca.go.kr
개장시간	하절기 10:00–18:00 동절기 10:00–17:00 월 휴관
참고문헌	서상우 저서 「한국의 박물관·미술관」, 기문당, 1995, pp.116-123
	서상우 논문, 조각공원의 도시 환경적 역할, 국민대 조형논총 12집, 1994

MG-13 가나 아트 파크
Gana Art Park, Yangju, Korea, 2006-07

설립배경

장흥 가나 아트파크는 본래 토탈야외미술관으로 건축가 문신규文信珪 1938- 에 의해 1984년부터 88년까지 조성된 사립미술관이었으나, '가나아트'가 인수하고 양주시가 장흥유원지를 '문화체험특구'로 지정함으로써 새롭게 꾸며진 가족중심의 문화체험공간으로 리모델링한 것이다.

1단계로 기존 건축을 개보수하고 옥외 스테이지를 신설하였으며, 2단계로는 새로운 전시관을 위해 3개의 파빌리언 pavilion 으로 분동 처리했고, 마당의 대부분은 조각공원으로 조성되었다.

인근 모텔들은 리노베션하여 젊은 작가들을 위한 아틀리에로 조성하여 예술인 마을을 이루고 있다.

01 전경

조성특성

가나 아트 파크는 산세를 배경으로 실내전시장·조각공원·어린이체험관·야외공연장·작가가 만든 놀이터·아틀리에 등으로 구성되어, 가족단위 나들이에서 문화체험에 이르기까지 다양한 시설을 갖추었다.

조각공원은 크게 세 가지로 구분되어 조성되었다.

1) 문신 불꽃 조각공원: 원형과 직선, 부드러운 곡선을 사용하여 피아적인 정결함을 통해 자연풍경과 아름다운 조화를 이룬다.

2) 부르델 정원: 〈제물을 든 성모〉, 아름다운 인체의 선을 보여주는 〈과실〉, 정원의 검을 들고 천사의 강인한 모습을 담고 있는 〈폴란드 서사시〉 등

3) 한진섭 어린이 정원: 유머와 해학미 넘치는 감성으로 인간에 대한 주제를 따스하게 풀어낸 작가의 작품을 만나 볼 수 있다.

02 배치도
03 조각공원-01
04 조각공원-02
05 강영민의 'LOVE'
06 Ryu In의 '그행열차-시대의 변', 1991

마스터플랜과 주요시설   Sigeru Uchida, 1943-
야외공연장 막구조   Sigeru Ban
소재지   경기도 양주시 장흥면 일영리 8
대지규모   17,183㎡
전시장 규모   2,480㎡
개관   2006.05.23
개장시간   평일 10:00-18:00 주말 10:00-19:00 월 휴관
전화   031-877-0500
팩스   031-387-0027
http://www.artpark.co.kr
참고문헌   서민우 외 저서「21세기 새로운 뮤지엄건축」기문당. 2014. pp.442-444
             가나 아트 파크 소개책자

MG-14   양주시립장욱진미술관 조각공원
Jangheung Sculpture Garden, Yangju, Korea

설립배경
 양주시립장욱진미술관은 한국 근현대미술을 대표하는 장욱진張旭鎭, 1918-90의 업적과 정신을 기리고, 한국 현대미술 발전에 이바지 하는 미술작품과 자료를 전시·연구·교육하기 위해 2014년에 개관하였으며, 부설 조각공원은 시민의 작품 감상과 휴식을 취하기 위한 문화공간으로 국내를 대표하는 30여 명 작가들의 조각작품이 2015년부터 개관되어 통합 운영하고 있다.

조성특성
 조각품의 조성은 자연환경에 따라 세 개의 존Zone: Blue · Green · Orange 으로 구성되었고, 현재는 원로 조각가인 민복진1927- 의 기탁 작품 18점이 함께 전시되고 있다.

01 전경
02 민복진의 '모자상'

03 민복진의 '아기와 엄마', 1987
04 김재환의 '고양이 가족', 2008
05 문신의 '무제', 2001
06 김성용의 '소통을 위한 기념비', 2013

소재지	경기도 양주시 장흥면 권율로 211
대지규모	6,506㎡
실내전시장	1,852㎡
작품 수	22점
전화	+031-8082-4245
팩스	+031-8082-5559
	www.changucchin.yangju.go.kr
개장시간	10:00-18:00 월 휴관
참고문헌	서민우 외, 21세기 새로운 뮤지엄건축, 기문당, 2014, pp293-295

MG-15 모란미술관 조각공원
Moran Museum of Art, Namyangju, Korea, 1990

설립배경

모란미술관은 1990년 4월 28일 개관하여 국내외 우수 현대미술을 수집·전시·보존하고 있다. 특히 개관전에 '21세기를 향한 조각의 표현' 전을 개최함으로써 현대조각의 발전에 관심을 가졌으며, 동시에 조각공원을 가추면서 국내외 저명 조각가들의 작품들을 확보하여 지역문화 발전에 기여하고 있다.

조성특성

모란미술관 조각공원은 비교적 평지에 네 개의 뜰과 세 개의 연못으로 조성되었으며, 본관인 실내뮤지엄과 모란미술학교 그리고 수장고를 겸한 로댕의 갤러리가 배치되어 있다.

특히 김영중金泳仲, 1926- 의 '사랑'은 두 남녀가 껴안고 있는 모습이고, 최만린崔만린, 19 - 의 '작품O'은 서양의 전통적 조형성과 동양철학의 정신이 작가의 조형미학을 통해 구현되었으며, Mark Brusse1937- 의 '우리 집'은 돌무덤과도 같은 형태의 얼굴 형상이 작은 집으로 느끼게 한 작품이다.

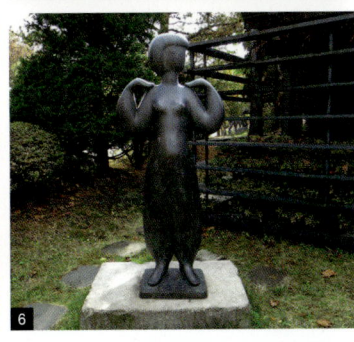

01 전경-01
02 전경-02
03 최만린의 '작품 O', 1994
04 김영중의 '사랑', 1989
05 조성묵의 'Messenger 92', 1992
06 김창희의 '환상여인', 1989
07 뮤지엄과 수장고 전경

소재지	경기도 남양주시 화도읍 경춘로 2110번길 8(월산리)
설립자	이연수, 모란미술관 관장
대지규모	28,430㎡ 조각공원: 19,835㎡
실내전시장	949㎡
작품 수	110여 점
전화	+031.594.8001-2
팩스	+031.594.6335
www.moranmuseum.org	
개장시간	하절기 09:30-18:30 동절기 17:00 월 휴관

MG-16 뮤지엄 산 조각공원
Sculpture Garden of Museum SAN, Wonju, Korea, 2005-13

설립배경

'뮤지엄 산'SAN: Space·Art·Nature의 머리글자'은 1997년 '한솔종이 박물관'으로 시작된 국내 최초의 종이 전문박물관으로 시작된 이래, 새로이 원주 오크밸리에 신축하면서 실내뮤지엄과 옥외조각공원을 포함시켰다.

자연에 건립된 뮤지엄 산은 해발 275m 되는 산山 정상을 따라 진입동棟인 웰컴센터welcome center를 시작으로 플라워가든·워터가든·본관인 뮤지엄·스톤가든·제임스 터렐관으로 이어진다.

01 전경
02 슈베르의 'Gerald Manley Hopkins를 위하여', 1995
03 Alexander Liberman의 'Arch-01'

조성특성

웰컴센터와 본관인 뮤지엄 사이의 플라워가든 flower garden 에는 미국 조각가 마크 디 슈베르 Mark di Suvero 의 'For Gerald Manley Hopkins' 1995년 작품으로 15m 높이 가 두 팔을 벌려 관람객을 맞이하는 듯 하고, 본관 앞의 워터가든 water garden 에는 알렉산더 리버만 Alexander Liberman, 19 - 의 'Arch' 1997년 작품 가 물속에서 솟아 오른듯이 본관의 대문 역할을 하는 듯 한다.

본관과 제임스 터렐관 사이에는 신라 고분을 모티브로 한 스톤가든 stone garden 이 몇 개의 무덤처럼 자연석으로 쌓여져 있다.

그 밖에도 수베르·쟈코메티·헨리 무어 등의 수준 높은 작품들이 적절한 위치에 조성되어 있다.

04 '스톤가든'(Stone garden)
05 '두 개 벤취 위의 두 사람'
06 헨리 무어의 '누워 있는 인체', 1970
07 Alexander Liberman의 'Arch-02'

소재지	강원도 원주시 지정면 오크밸리 2길 260
설계자	Tadao Ando, 1941-
설립자	한솔 고문 이인희 (이병철 회장 장녀)
대지규모	71,172m²
실내전시장	5,445m²
작품 수	5점
개관	2013.05.11
총사업비	600억 원
전화	+033-730-9000, 9010
팩스	+033-730-9003
	http://www.hansolmuseum.org/
개장시간	10:30-18:00 월 휴관
참고문헌	서민우 외, 21세기 새로운 뮤지엄건축, 기문당, 2014, pp.304-307
	INTERIORS 2011.07 No.322, pp.182-193

MG-17 조각미술관 바우지엄
Sculpture Garden. of Bauzium, Go Seung, Korea, 2015

설립배경

조각미술관 바우지엄Bauzium은 춘천 출신으로 아름다운 여체를 개성적으로 표현하는 조각가 김명숙1953- 의 사립으로 건립되었다. 각 50평씩 세 동으로 구성된 건물들 사이의 정원과 독립된 조각공원으로 이루어졌다.

조성특성

조각미술관 바우지엄은 금강산 제 1봉인 신선봉이 조망되는 아름다운 곳으로 A관은 우리나라 유명 조각가들의 근현대 작품 40여 점이

01 전경

전시되고, B관은 김명숙 관장이 40여 년간 작업한 100여 점이 전시되었으며, 야외조각공원에는 물·돌·잔디·테라코타·소나무와 함께 유명 조각들이 전시되었다.

02 배치도
03 근현대조각관
04 조각정원-01
05 조각정원-02
06 조각정원-03

① 근현대조각관
② 김명숙조형관
③ 별관
④ 조각공원

소재지	강원도 고성군 토성면 원암리 288
건축설계	김인철, 아르키움
대지면적	4,452㎡
실내뮤지엄 규모	498.92㎡
규모	4개동 지상 1층
개장	2015.06.20.
전화	033-632-6632

www.bauzium.com

오픈	10:00-18:00 월요일 휴관
참고문헌	공간 2015:09

330 가로 조각공원
Street Sculpture Garden(SG)

뉴욕 체이스맨해튼 본점 앞의 'Four Trees', 1972

'가로조각공원'이란 도심의 오픈스페이스 역할을 하는
광장이나 플라자 그리고 가로공원에
조성된 조각공원으로 접근성이나 가로 기능성이 좋고,
도시환경을 풍요롭게 하며, 보행자의 정서와 심미적 즐거움을 준다.

SG-01 네벨슨 플라자
SG-02 워싱턴 추모 조각광장
SG-03 시카고 디어본 가로 조각광장
SG-04 머피 조각공원
SG-05 엠바카데로센터 덱크플라자
SG-06 스트라빈스키 분수 조각공원
SG-07 티노 로시 가든
SG-08 그랜드 아치 조각광장
SG-09 트레비 분수조각
SG-10 바르세로나 산업공원
SG-11 천안 아라리오 조각광장

SG-01 네벨슨 플라자
Louis Nevelson Plaza, New York, NY, USA, 1978

설립배경

뉴욕 맨해튼 남쪽 월드트레이드 센터World Trade Center로부터 월가Wall Street의 네벨슨 광장까지 이어지는 이 지역은 7개의 추상조각들이 연속적으로 이루어지고 있는바, 이러한 가로공간을 만들기 위해 체이스 맨해튼은행 등 8개의 회사가 기금을 조성해 예술위원회를 조직하고 이 위원회가 네벨슨Louise Nevelson, 1900-88에게 삼각지대를 조각광장으로 의뢰한데서 조성되었다.

조성특성

네벨슨 광장은 월가의 삼각형 땅을 이용해 네벨슨 의 조각인 7개의 'Shadow & Flags으로 이루어진 가로 조각공원으로 벤치와 가로수가 함께 가로환경을 조성하고 있다. 네벨슨 광장과 연결된 체스 맨해튼 본점Chase Manhattan HQ광장에는 드브페의 '네 나무들'Four Trees, 1972: Jean Dubuffet 작품과 선큰 가든에 노구찌Isamu Noguchi, 1904-88의 작품이 있고, 미드랜드은행Marine Midland Bank 앞에는 노구찌의 '레드 큐브'Red Cube, 1968가 연속적으로 놓여있다.

01 부분전경-01
02 배치도
03 부분전경-02
04 네벨슨 작품 상세
05 체이스맨해튼 본점 앞의 Jean Dubuffet의 'Four Trees', 1972
06 Midland은행 앞의 Isamu Noguchi의 'Red Cube', 1968

소재지   Louise Nevelson Plaza, New York, NY, USA
조각가   Louise Nevelson, 1900-88
참고문헌 「도시환경과 조형예술」대한건축사협회 편, 1986, pp.36-37
        서민우 외 저서 「도시 문화 산책 -미국편」미세움, 2014, pp.40-41

SG-02 워싱턴 추모 조각광장
Memorials of Washington DC, Washington DC, USA

설립배경

워싱턴 DC는 기념비적 건축과 추모기념 조형물이 가장 많은 아름다운 도시 중 하나이기 때문에 다른 도시와 같이 도로나 공공장소의 환경조형물 보다 추모기념 조형물들이 많다.

대부분 국가적 차원에서 설립된 것으로 그 사례는 다음과 같다.

 * 펜타곤 추모조각 : 베트남 참전 재향군인회가 주축이 되어 설립

 * 베트남 참전용사 추모조각 : 베트남 참전 재향군인회가 주축이 되어 설립

 * 한국전 참전용사 추모조각 : 참전용사들과 한국 기업삼성·현대들의 지원으로 설립

조성특성

펜타곤 추모조각/ Pentagon Memorial, Julie Beckman+Keith Kaseman 디자인, 2008 :

1a

2001년에 있었던 9.11테러 희생자들의 이름이 새겨진 벤치 184개가 놓인 '펜타곤 추모광장'이 테러 7주년을 기해 2008년 9월 11일 헌정 되었다.

이 추모공원은 알링턴 국립묘지와 펜타곤 사이에 8,100㎡ 넓이로 조성된 추모광장으로 9.11테러 때 공중 납치된 아메리카 항공 77편이 펜타곤에 충돌하면서 숨진 탑승객과 국방부 직원 등 희생자 184명을 기리기 위한 곳으로, 희생자 이름이 새겨진 벤치 184개중 탑승객을 상징하는 59개 벤치에 앉으면 하늘이 보이고 나머지 125개에 앉으면 펜타곤 건물이 보이도록 했다.

위치 : 펜타곤과 알링턴 국립묘지 사이   규모 : 8,093.85㎡   길이 : 609.60m

01a 전경
01b 부분전경
01c 상세

베트남 참전용사 추모조각/ Vietnam Veterans' Memorial, Maya Ying 디자인, 1979-82 :
이 벽 조각은 베트남 전쟁 중 전사하거나 실종된 미국인들의 이름을 사망 일자에 따라 연대기 순으로 새겨놓은 추모 벽이다.
이 작품은 전쟁의 참혹한 결과라는 사실을 V자 형으로 은유하고,

그 상처가 되는 표면을 거울처럼 잘 연마한 오석에 베트남에서 전사한 58,196명의 이름을 음각했다.

링컨기념관 근처 잔디밭에 위치한 단순히 '벽'The Wall이라는 이 벽 조각은 중간 접점에서 125° 정도의 각도로 꺾어져 땅속으로 점차 내려가는 길이 151m의 검은 오석 벽면으로 이루어졌고, 벽의 시작 부분은 30cm 정도로 낮게 출발하여 접점에 이르러서는 3m 높이이다.

이 벽은 지면으로 올라오지 않은 상태에서 무덤이나, 아픈 상처를 상징적으로 표현한 잠입형태로 처리되었다.

위치 : 링컨기념관 근처

02a 전경
02b 부분전경
02c '영광의 얼굴'이라는 세 병사의 동상

한국 참전용사 추모조각/ Korean War Veterans' Memorial, BL3 디자인, 1986-95 :

워싱턴 6.25기념공원 내 삼각형과 원형을 맞물리게 구성한 배치로, 순찰 나온 미군 19명의 판초^{우의}를 쓴 병사들이 서로 주위를 환기시키며 동쪽의 성조기를 향해 전진하는 역동적 모습으로 묘사 되었다.

바닥에 줄지은 돌로 된 선은 수면의 효과를 위한 것이고, 보도블록에는 한국전에 참전한 22개국의 이름이 모두 적혀있어서 이 추모조각이 미국뿐 아니라 모든 참전 유엔군을 기린다는 뜻을 가지고 있다.

위치 : 베트남 참전용사 추모조각 반대쪽

03a 전경-01
03b 전경-02
03c 전경-03

개장시간 하절기 10:00-18:00 동절기 10:00-17:00 월 휴관
참고문헌 서민우 외 저서「도시 문화 산책-미국편」, 미세움, 2014, pp.110-116
         서민우 외 논문, 워싱턴의 문화풍경, 한국박물관건축학회 논문집 11호, 2004.08, pp.83-99

SG-03 시카고 디어본 가로 조각광장
Sculpture Plaza at Dearborn Street, Chicago, IL, USA

설립배경

시카고 도심에 남북으로 전개된 디어본 거리Dearborn Street는 대중교통수단인 버스 이외에는 일반차량의 통행이 금지된 보행자 전용도로로, 관청 건물과 은행 건물들이 운집한 빌딩 숲 지대이다.

이 거리에는 공공 부분의 조각들이 가로공원을 연속적으로 조상하고 있는 바, 이는 미국 연방정부 관련 건축에 미술품을 설치하여야하는 정책이 실시된 1963년 이후 건축비의 0.5% 제도 덕분이다. 따라서 민간 차원의 건축들도 신축할 경우 공공 부문에 대한 예술품 설치가 자연스럽게 이루어진 좋은 사례이다.

조성특성

시카고 도심 남북으로 전개된 디어본 거리에 연속적으로 이루어진 공공부문의 조각들이 조성됨으로써 고층 건축 사이에 일련의 가로 조각공원이 조성되었다.

그 특징적 사례들을 남쪽 광장에서부터 북쪽 광장으로 올라가면서 소개하면 다음과 같다.

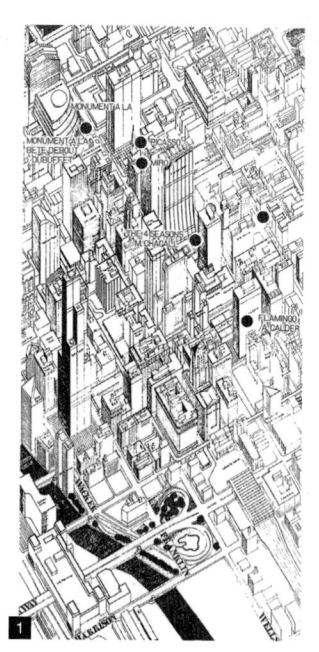

01 조감도

Federal Center 광장의 Flamingo, 1974, Alexander Calder 작품 :

디어본 거리 가장 남쪽의 위치한 칼더의 대표작으로 미국연방 정부의 'Art in Architecture' 프로그램에 의해 조성된 작품이다.

이 작품은 Mies van de Rohe[1886-1969]가 설계한 정부청사의 하나인 Federal Center 광장에 목이 긴 '홍학'Flamingo을 상징한 주홍색조^{朱紅}^{色調: 칼더 고유의 붉은 색}가 주변 건축과 강한 대조를 이루며, 경직된 도심 빌딩 숲 사이에 시민의 휴식광장으로 벽이 없는 가로 미술관 역할을 한다.

높이: 약 15.9m 재료 : $\frac{3}{4}$ 인치 철판   색상 : 주홍색Calder Red

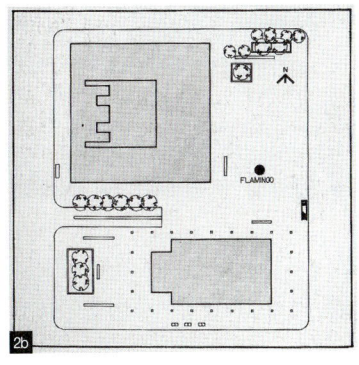

02a 전경-01
02b 배치도
02c 전경-02

First National Bank 플라자의 The Four Seasons, 1974, Marc Chagall 작품 :

First National Bank 앞 플라자에 위치한 '시카고의 사계절'은 거대한 직육면체의 모자이크 벽화는 시카고의 벽돌과 세계도처에서 수집한 돌과 유리로 색조를 이룬다.

4면에는 시카고의 사계절을 환상적으로 묘사하여 시카고의 삶을 표현했으며, 거리의 악사들이 이곳에서 연주 할 때는 백 스테이지back stage 역할을 한다.

샤갈Marc Chagall, 1887-1985은 시카고 시민들에게 이 작품의 디자인을 기증하였고, 설치비는 'Art in the Center'라는 비영리 단체가 부담하였다.

높이 : 약5.2m 폭 : 21m 깊이 : 3m

03a Chagall의 The Four Seasons, 1974
03b 배치도
03c The Four Seasons 상세

Daley Plaza의 Chicago Picasso, 1967, Pablo Picasso 작품 :

시카고 시청과 시민센터로 둘러싸인 데일리 광장에 놓인 '피카소의 시카고'는 피카소에게서 모형을 받아 확대 제작한 것으로, 보는 사람에 따라 해석을 달리하는 반추상 작품이다.

본래는 'Head of Woman'이라는 주제로 '여인의 두상'을 추상화 한 작품으로 '수녀'의 모습이기도 하다.

이 작품은 배경이 되는 시빅센터Civic Center, SOM 설계가 완공할 즈음

SOM의 파트너인 하트만M. Hartmann이 피카소를 여러 번 찾아가서 42인치 크기의 모형을 기증받고, 시장을 설득하여 유지들의 후원금으로 확대하여 설치한 작품이다.

광장 주변에는 '한국과 월남참전기념 햇불'과 길 건너에는 '미로의 시카고'라는 작품이 있어서, 이곳 역시 도심가로의 조각공원을 조성하고 있다.

높이 : 약 45m   재료 : 162톤 무게의 Cor-Ten 철판

04a Picasso의 Chicago Picasso, 1967
04b 배치도
04c 한국참전기념 햇불과 시카고의 피카소
04d 조감도

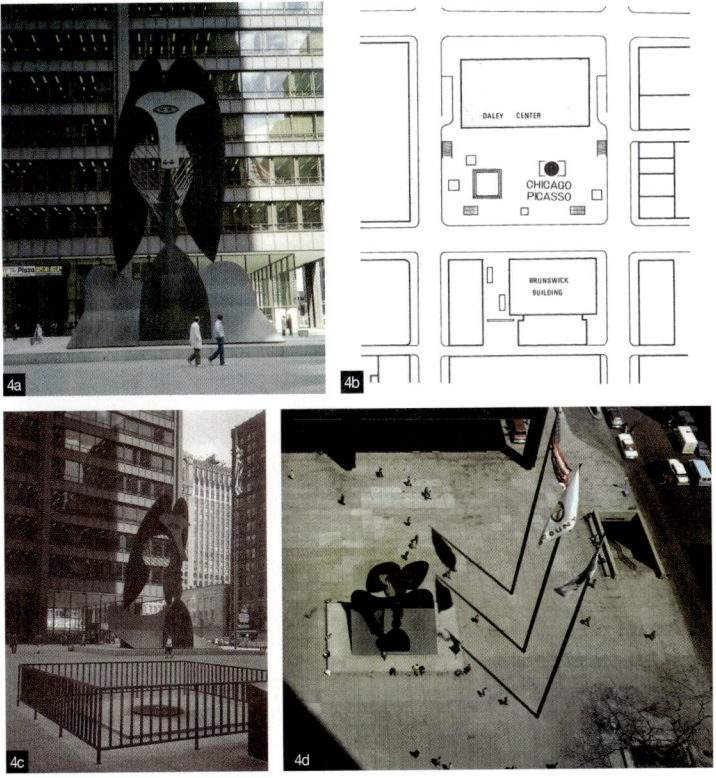

일리노이 주청사 플라자의 Monument with Standing Beast, 1985, Jean Dubuffet 작품 :

1985년에 준공된 일리노이 주청사States of Illinois Center 앞에 뒤뷔페Jean Dubuffet, 1901-85, 프랑스의 '서 있는 동물 모뉴멘트'가 뜻 있는 유지들에 의해 조성되었다. 그의 작품은 백색 유리섬유FRP에 검은 테두리를 두른 특유의 추상적 형태와 색조로, 인간의 본성에 관심을 두고 도시생활의 혼합적인 이미지를 표현한 작품이며, 규칙적인 도로와 빌딩 숲속에서 꽃 피운 듯 신선함을 느끼게 한다.

높이 : 약 6m   재료 : FRP

05a Dubuffet의 Monument with Standing Beast, 1985
05b 배치도
05c 전경

참고문헌   서민우 외 저서 「도시 문화 산책-미국편」 미세움, 2014.
「도시환경과 조형예술」대한건축사협회 편, 1986

SG-04 머피 조각공원
Murphy Sculpture Garden, Los Angeles, CA, USA, 1967

설립배경

행정가이며 교육자이자 의사인 머피Franklin D. Murphy, 1916-94는 1960년 UCLA 총장으로 부임하면서 대학 내 미술대학 확장을 추진하면서 북쪽 캠퍼스 건물들 중앙에 3.4에이커의 개방된 정원을 만들면서 현재의 조각공원을 조성하였고, 그 조각공원의 이름을 총장의 이름을 따라 '머피 조각공원'이라 붙였다.

조성특성

1967년 11개의 작품이 설치되면서 본격화된 이 조각공원은 현재 5에이커 이상의 넓은 정원에 헨리무어·로댕·미로·칼더·노구찌·데이비드 스미스 등 20세기를 대표하

01 전경 -01
02 전경 -02
03 부분 전경 -01
04 부분 전경 -02

는 유럽과 미국의 거장들의 작품 72점이 규칙적인 격자로 놓여 있기도 하고 오솔길에도 전시되고 있으며, 미국에서 가장 아름다운 조각정원 중의 하나로 꼽히게 되었다.

그 중 주요작품의 이름은 다음과 같다.

* August Rodin의 'The Walking Man', 1905
* Aristide Maillo의 'Torso', 1938
* Henry Moore의 'Two-Piece Reclining Figure, No.3', 1961
* Joan Miro의 'Mere Ubu', 1975
* Alexander Calder의 'Button Flower', 1959
* Isamu Noguchi의 'Garden Elements', 1962

05 로댕의 'The Walking Man', 1905
06 Gerhard Marcks의 'Maya', 1941

위치	10899 Wilshire Blvd., Los Angeles, CA, 90024 USA
조경설계	Ralph Cornell or Hazlett + Carter 교수
전화	+1- 310-443-7000
	www.hammer.ucla.edu
조각수	72점
참고문헌	서민우 외 저서 「도시 문화 산책 -미국편」 미세움, 2014, pp.236-237

SG-05　엠바카데로센터 덱크플라자
Embacadero Center Deck Plaza, San Fransisco, CA, USA, 1971-77

설립배경

미국 서부의 월스트리트로 불리는 샌프란시스코 금융가 서측에 위치한 고층 빌딩 6동棟의 컴플렉스를 이룬 지역으로, 오피스를 비롯하여 쇼핑몰과 호텔까지 포함된 집합체로 '도시속의 도시'를 이루고 있는 덱크플라자에 연속된 조각을 설치한 경우이다.

01a 조감도
01b 덱크플라자

조성특성

엠바카데로 센터를 연결하는 저층부 덱deck에는 수많은 상점과 레스트랑들이 밀집돼 있으며, 세계적 아티스트들의 오브제와 조각들이 선큰가든 곳곳에 배치되어 볼거리를 제공한다.

가장 상부 쪽의 하얏트 리젠시Hyatt Regency 호텔로부터 순서적으로 소개하면 다음과 같다.

Hyatt Regency 호텔 주변 :
호텔 인접 가로공원에 두 개의 조각은 다음과 같다.
- Grand Fountain, Armand Vaillancourt 작품: 4각 콘크리트 관에 물을 흘리는 조각으로 샌프란시스코 다운 조각분수로 주변을 휴식공간으로 조성하고 있다.
- La Chiffonniere, 1978, Jean Dubuffet 작품 : 작가의 특성인 스테인리스 판에 검은 선을 보내 '로봇'이나 '천하대장군'의 형상을 이루고 있다.

02a Vaillancourt의 'Grand Fountain'
02b Dubuffet의 'La Chiffonniere'

Sky Tree Embacadero Center, 1977, Louise Nevelson 작품 :
엠바카데로 센터의 여러 작품 중 가장 최근 것으로 작가의 전형적인 소재와 형태인 코텐 스틸coten steel: 녹슨 강철판과 표현적 구성주의 작품이 저층부에서 덱크 층 까지 솟아올라 양면성을 갖는다.

이러한 형상은 철이라는 소재와 색채에서 고조되고, 도시환경 측면에서 부합된다고 본다.

03a Nevelson의 'Sky-Tree' 상층부
03b Nevelson의 'Sky-Tree' 하층부

Chronos XIV, Nicholas Schoffer 작품 :

꿰뚫고 형성된 키네틱아트 형식의 조각으로, 시각은 지상층에서는 물론 데크층까지 볼수 있는 양면성을 갖는다. 총 19.2m 높이의 골격속에서 49개의 반사경과 65개의 디스크로 조성되어 있다.

04a Schoffer의 Chronos XIV 상층부
04b Schoffer의 Chronos XIV 하층부

Two Columns with Wedge, Willi Gufmann 작품 :

'쐐기 모양의 두 기둥'이 지면에서 덱크 층 상부로 원주가 솟아오르면서, 주변의 건축적 분위기와 어우러져 있다. 즉, 지하 아케이드로부터 8층 높이의 조각이 각 층의 연속성을 인식하게하며, 지상과 지하를 통합하는 개념으로 아랫부분의 3 개의 몸체는 각기 대응하는 모습이다.

05a Gufmann의 'Two Columns with Wedge' 상층부
05b Gufmann의 'Two Columns with Wedge' 하층부

소재지   Embarcadero Center, Four Embarcadero Center Suite 2600, San Francisco, CA, 94111, USA
전화   +1-415-772-0500
참고문헌 서민우 외 저서 「도시 문화 산책 -미국편」미세움, 2014, pp.264-271

SG-06 스트라빈스키 분수 조각공원
Stravinskii Fountain at Centre George Pompidou, Paris, France, 1972-85

설립배경

죠루즈 퐁피두 대통령이 1969년 12월 파리 중심부에 예술진흥과 사회교육을 위한 문화예술센터를 건립할 것을 결정하여, 1971년 국제설계경기공모로 렌조 삐아노와 리차드 로저스Renzo Piano + Richard Rogers안을 선정하여 1977년 1월 개관시켰다.

조각공원의 분수조각은 프랑스의 여류조각가 니키 드 생팔Nikie de S, 19 - 과 그의 남편 팅글리Jean Tinguely, 19 - 에 의해 만들어졌는데, 고철을 이용해 전기로 움직이는 팅글리의 특징적 조각과 원색적이고 환상적인 생팔의 특징이 함께 어우러져 초현대적 하이테크high-tech건축과 주변의 오래된 건축들과 조화를 이룬다.

01 전경

조성특성

풍피두센터의 모퉁이 광장에 움직이는 조각과 여기에서 뿜어내는 다양한 형상의 물의 궤적은 스트라빈스키의 음악적 세계와 일체를 이루는 하나의 시각적 오케스트라와도 같은 분수 조각공원을 조성하고 있다.

02 조각공원 상세
03 니키드 생 팔의 '불새'

건축설계	Renzo Piano, 1937– + Richard Rogers, 1934–
소재지	Paris, rue Beaubourg/ rue Saint-Martin, 19
대지면적	103,305㎡
건축연면적	57,173㎡
참고문헌	서상우 저서 「세계의 박물관 미술관」, 기문당, 1995, pp.124-129 「도시환경과 조형예술」대한건축사협회 편, 1986, p.64 서상우 논문, 조각공원의 도시 환경적 역할, 국민대 조형논총 12집, p.27

SG-07 티노 로시 가든
Tino Rossi Garden, Paris 5E, France

설립배경

파리의 Tino Rossi 가든은 1930년대 매혹의 샹송 가수 Tino Rossi 1907-83의 이름으로 센느Seine 강변을 따라 만든 가로공원이자 조각공원이다. 특히 Paris의 야경과 댄스파티를 즐길 수 있는 곳이기도 하다.

조성특성

Tino Rossi 가든은 센느Seine 강변을 따라 가로공원을 이루고 중간 중간에 조각을 배치하고 있다.

01 가로공원

SG-08 그랜드 아치 주변 조각광장
Sculpture Square la Grande Arche, La Defence, France

설립배경

라 데팡스La Defence는 파리 인접 도심으로 개발된 지역으로 조각광장이 위치한 곳은 프랑스 혁명 200주년을 기념하기 위한 건축물 중 하나인 '대형 아치'Grande Arche 전면 광장이다.

이곳은 라 데팡스의 관문이 되는 가장 중심지역으로, 부도심으로 개발되기 전부터 이곳에 위치하고 있던 1883년 조각가 Barrias에 의해 세워진 파리 방어의 기념조각에서 찾아볼 수 있는 곳이다.

01 연못에서 본 'Grande Arche'

조성특성

라 데팡스 조각광장은 유럽에서 20세기 조각물을 가장 많이 소장하고 있는 곳의 하나로 Grande Arche 전면 광장에 10여 개의 조각들이 놓여 조각공원을 조성하고 있으며, 라 데팡스 전역에는 40여 개의 조각들이 놓여 있고, 특히 인공연못의 벽천의 모자익^{작가: Yaacov Agam, 1928- , 이스라엘}은 신선한 색감으로 생동감을 준다.^{SG-08-03 참조}

02 Agam의 'Monumental Fountain', 1975
03 미로의 '무제'
04 Calder 의 '무제'

위치   La Defence, Paris, France
참고문헌 서상우 논문, 조각공원의 도시환경적 역할, 국민대 조형논총 12집, 1994, p.23
「도시환경과 조형예술」대한건축사협회 편, 1986,

SG-09 트레비 분수조각
Fontana di Trevi, Rome, Italy, 1732-62

설립배경

르네상스 시대 교황들이 상수도 시설을 개발하여 물을 공급한 기념으로 분수를 만들었는데, 그 중 가장 유명한 사례가 트레비 분수이다.

니콜라 살비 1697-1751에 의해 1732년부터 1762년까지 30년 만에 완성된 트레비 분수는 바로크 양식의 마지막 걸작으로, 이곳에 공급되는 물은 아우구스투스 대제 때 집정관인 아그리빠에 의해 건설된 고가수로를 통해 공급되고 있다.

01 전경
02 방문객 모습

이곳 분수에 동전을 던지면 다시 로마에 올 수 있다는 전설 때문에 로마를 다시 방문하기를 기원하는 많은 사람들이 등을 돌리고 분수에 동전을 던지는 광경이 연출되는 로마의 명소가 되었다.

조성특성

로마시대에 자리한 트레비 분수는 트리톤 신들과 두 해마가 끌어올린 커다란 조개 위에 넵튠 신이 위엄 있게 걸음을 옮기고 있는 대리석 조각이 중앙에 자리 잡고 있으며, 분수 뒤편에는 처음부터 트레비 분수의 배경으로 세우진 가벽이 분수의 장식적 효과를 높여주고 있다.

이곳에 공급되는 물은 '처녀의 샘'이라 불리는데 이는 전쟁에서 돌아온 목마를 로마군인 들에게 한 처녀가 샘을 알려 주었다는 전설을 갖고 있는 그 샘을 수원지로 한 물이 트레비 분수에 공급되고 있다.

| 소재지 | Roma, Italy |
| 참고문헌 | 서상우 논문, 조각공원의 도시환경적 역할, 국민대 조형논총 12집, 1994 |

SG-10   바르세로나 산업공원
El Parc de l'Espanya Industrial, Barcelona, Spain, 1986

설립배경

바르셀로나 도시계획 프로그램의 하나로 1980년대 진행된 공원조성 중 하나로, 옛 섬유공장 대지위에 조성된 화려하고 상상력이 풍부하게 보이는 동화와도 같은 조각공원이다.

조각가 나젤Andre Nagel, 19 - 은 이 조각들과 바르셀로나의 수호신인 상트 게으르그Sankt Georg동상, 그리고 국가의 상징으로 변형된 공룡형태의 철과 콘크리트로 된 조각들을 이 공원에 설치토록 해 건축가가 의도한 꿈과 환상과 희망이 있는 모든 도시가 필요로 하는 마치 이상의 세계와 같은 공원이 실현될 수 있도록 뒷받침해 준 것이다.

조성특성

줄지어 서 있는 등대 형태의 조각들은 공원의 경계를 알려줌과 동시에 바르셀로나가 항구도시라는 암시를 준다.

01 전경
02 배치도

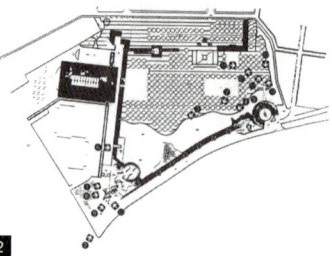

공룡형태의 구조물은 미끄럼틀과 어린이 놀이기구로 이용될 수 있도록 조성되어, 기념물이 어린이 놀이터 역할을 하는 복합기능을 가진다.

03 Nagel의 '공룡'
04 가로변 전경

참고문헌   서상우 논문, 조각공원의 도시환경적 역할, 국민대 조형논총 12집, 1994, p.29

SG-11   천안 아라리오 조각광장
Sculpture Garden of Arario Gallery, Cheonan, Korea, 1989

설립배경

아라리오 갤러리는 1989년 천안종합터미널 대지 내에 설립자인 김창일金昌一, 1951- 회장의 소장품 5백여 점으로 설립되었고, 부설 신세계백화점 충청점 조각광장은 28점의 국내외 유명조각가들의 작품으로 충청지역의 문화명소가 되면서 'Arario Small City'를 이루고 있어서 도심 속 가로공원이 조성되었다.

아라리오 갤러리는 국내외적으로 분관을 열고 있는데, 서울의 '공간' 사옥건축가 김수근 유작과 상하이에도 분관을 꾸미고 있다.

조성특성

천안종합터미널과 신세계백화점 충청점 앞에 국내외 유명 조각가 작품 중 누보레알리즘의 거장인 아르망 페르난데스Arman Fernandez, 19 - 의 '수백만 마일-머나먼 여정'Millions of Miles, 1989은 999개의 차축을 쌓아 올린 높이 20m로 눈에 띠고, 영국 작가 데미안 허스트Damien Hirst,

01 갤러리와 조각광장 전경
02 페르난데스의 '수백만 마일', 1989

19 - 의 절대 부패하지 않는 인체 모형을 통해 죽음을 망각한채 살아가는 현대인의 삶을 보여주는 '찬가'Hymn, 2001와 부러진 다리에 자선 모금 상자를 든 '채러티'Charity, 2002-03는 전세계인을 집중시키는 계기가 되었고, 시 킴CI Kim의 계단을 타고 하늘 끝까지 오를 것 같은 '성공'2001 등이 눈을 끌고 있다.

03 Damien Hirst의 '찬가'(Hymn), 2000
04 CI Kim의 '성공', 2001
05 Damien Hirst의 '채러티'(Chrity), 2002-03
06 CI Kim의 'Image 2', 2001

소재지	충남 천안시 동남구 만남로 43 (신부동)
설립자	김창일, 아라리오 갤러리 회장
대지규모	약 52,900㎡ 조각공원 대지규모: 약 8,000㎡
작품 수	28점
전화	+041-640-6265, 041-551-5100 팩스 +041-551-5102
	www.arariogallery.com
개장시간	조각광장은 시간 제한 없음, 갤러리는 11:00-18:00
참고문헌	황록주, 내사랑 미술관, 아트북스, 2003, pp. 196-203
	김찬동의 연재: 도시와 환경예술 2
	INTERIOR 2005:04

340 조각공원의 유형별 사례특성 분석종합

뉴욕 근교 펩시콜라 조각공원의 David Smith 작품

1) 야외 조각공원의 경우
2) 부설 조각공원의 경우
2) 가로 조각공원의 경우

앞에서 분석된 조각공원의 유형별 사례특성을 종합하면 〈표-1〉과 같으며, 그 종합 내용은 다음과 같이 요약된다.

1) 야외 조각공원의 경우 / Open-Air Sculpture Garden (OG) :
비교적 대지규모가 광활하고 자연에 접해 있기 때문에 자연과의 조화가 잘 이루어지며, 단계적 개발이나 특정 작가의 작품이 그룹핑으로 전시가 가능하다. 또한 기업과 접목되거나 도시의 새로운 랜드마크가 되며, 대부분 실내 전시공간을 포함하고 있다.

2) 부설 조각공원의 경우 / Museum Gardens (MG) :
대부분 도심의 오아시스 역할을 하며, 도시환경을 쾌적하게 조성하는데 일익을 담당한다. 또한 음악공연이나 게스트하우스를 접목시켜 더욱 활성화되고 있다.

3) 가로 조각공원의 경우 / Street Sculpture Garden (SG) :
대중의 휴식과 예술을 접목시킴으로써 도심의 활력을 불어넣고, 보행자의 정서와 심미적 즐거움을 제공해 준다.

〈표-1〉 조각공원의 유형별 사례특성 분석종합

유형별	사례명	대지규모 (m²)	실내 뮤지엄 유무	특성내용
야외 조각공원/ Open-Air Sculpture Garden (OG)	OG-01 스톰킹 아트센터	809,360	실내 뮤지엄	·조각과 자연의 조화로운 관계 ·단계적 개발 ·특정 작가의 작품을 그룹핑
	OG-02 도날드 켄달 조각공원	679,863	본사 건물	·본사건물 주변을 조각공원으로 할애 ·기업의 비젼을 반영 ·기업과 예술이 접목된 대표적 사례
	OG-03 데비드 스미스 조각공원			
	OG-04 시카고 밀레니엄 파크		노천극장	·도시의 랜드마크 역할 ·교향악단을 위한 노천극장 포함 ·도시민의 표정이 담긴 친근한 수법
	OG-05 헨리 무어 조각공원			
	OG-06 시애틀 올림픽조각공원	34,400	실내 뮤지엄	·도시와 수변을 이어주는 매개공간 역할 ·버려진 땅을 개발하여 도시활성화 도모
	OG-07 에드와르도 칠리다 조각공원		실내 뮤지엄	·칠리다 작품을 위주로 전시 ·전시된 조각과 주변이 일치되도록 ·주변의 바닷가와 연계된 전시
	OG-08 노아의 방주-조각공원		실내 뮤지엄	·놀이를 겸한 조각공원 ·니키 드 새팔 작품 위주로 전시
	OG-09 칼 밀레스 조각공원		기존 저택과 작업장을 활용	·칼 밀레스 작품을 위주로 전시 ·개인이 설립·운영하다 시(市)에 기증 운영
	OG-10 비겔란트 조각공원	323,744		·비겔란트 작품을 위주로 전시 ·개인이 설립·운영하다 시(市)에 기증 운영
	OG-11 타롯 조각공원			

유형별	사례명	대지규모 (m²)	실내 뮤지엄 유무	특성내용
야외 조각공원/ Open-Air Sculpture Garden (OG)	OG-12 하꼬네 야외 조각공원	70,000	실내 뮤지엄	·자연과 어우러진 조각공원 ·실내회화 상설전시장 ·도자기 위주의 피카소 전시관
	OG-13 반기 조각공원		실내 뮤지엄	·반기 작품 위주로 전시 ·실내뮤지엄을 야외전시와 적극적으로 활용
	OG-14 상하이 조각공원	69,300	기존 공장건물 개조	·정부 후원의 문화 프로젝트로 시행 ·기존 공장건물을 활용해서 문화공간 조성
	OG-15 서울올림픽 조각공원	610,170	실내 뮤지엄	·88서울 올림픽을 계기로 조성 ·조각심포지엄·국제조각대전을 통한 작품 설치 ·연차적으로 조성
	OG-16 노을공원 조각공원			·파크골프장과 캠핑장과 더불어 조성 ·강과 도시를 배경으로 분산 배치
	OG-17 수원 올림픽 조각공원			·88서울올림픽을 계기로 조성 ·올림픽과 관련된 상징적 조각
	OG-18 김포 조각공원	70,000		·'통일'이라는 주제로 설립 ·연차적인 조성 계획
	OG-19 안양 아트 파크			·순수조각 보다는 실용적 건축이나 환경조각 ·연차적으로 조성
	OG-20 안산 단원 조각공원	66,116		·'단원'도시로 지정 받은 기념으로 조성 ·조각대전을 통해 조성
	OG-21 인천 대공원 조각원	16,136		·대공원 조성의 일환으로 설립 ·호수공원과 더불어 대공원 중심부에 조성
	OG-22 C 아트 뮤지엄	230,400	실내 뮤지엄	·문화예술·선교를 목적으로 설립 ·특정 종교를 중심광장으로 조성
	OG-23 목포 유달산 조각공원	48,000		·국제 조각 심포지엄을 통한 작품 설치 ·10년을 주기로 작품 교체
	OG-24 광주 상무 조각공원	32,400		·'휴먼파크'라는 주제로 어린이들이 좋아하는 작품 성향 ·야간조명시설 설치

유형별	사례명	대지규모 (m²)	실내 뮤지엄 유무	특성내용
야외 조각공원/ Open-Air Sculpture Garden (OG)	OG-25 김해 연지공원			・김해시의 역사성과 미래를 오감으로 체험할 수 있는 작품 성향
	OG-26 통영 남망산 조각공원			・통영시가 조성한 시민공원에 국내외 작가의 작품
	OG-27 문신미술관 조각공원	4,934	실내 뮤지엄	・문신 개인 작품 위주로 전시 ・개인이 설립해서 시(市)에 기증
	OG-28 제주 조각공원	430,000		・개인이 설립한 조각공원
부설 조각공원/ Museum Gardens (MG)	MG-01 록펠러 조각공원		실내 뮤지엄	・맨해튼의 오아시스 역할 ・Urban Design적인 조형 전개
	MG-02 노구찌 가든		실내 뮤지엄	・이사무 노구찌 작품을 위주로 전시 ・공장건물을 개조해서 실내뮤지엄으로 전용
	MG-03 힐시호른 조각공원		실내 뮤지엄	・실내 뮤지엄과 차별화를 위해 선큰 처리 ・개인 컬렉션으로 시작
	MG-04 나셔 조각공원	5,666	실내 뮤지엄	・도심의 오아시스 역할 ・수목과 더불어 사색 할 공간 조성
	MG-05 미네아폴리스 조각공원	25,800	실내 뮤지엄	・실내 뮤지엄과 차별화 된 별도의 조각정원으로 처리 ・도심의 오아시스 역할
	MG-06 오클랜드 뮤지엄	31,161 중 2,453	실내 뮤지엄	・자연을 접목시키기 위해 실내전시공간을 지하처리 하고, 그 상부를 조각공원 조성 ・도심환경을 쾌적하게 조성한 사례
	MG-07 크뢸러-밀러 조각공원			・개인 컬렉션을 모태로 조성
	MG-08 라 빌레트 공원		실내 뮤지엄	・도시공원 내 설치된 폴리를 일정한 간격으로 설치
	MG-09 독일연방 뮤지엄			・다른 나라와 문화교류와 교육을 목적으로 조성 ・실내뮤지엄의 지붕층을 활용한 사례

유형별	사례명	대지규모 (m²)	실내 뮤지엄 유무	특성내용
부설 조각공원/ Museum Gardens (MG)	MG-10 루이지아나 MoMA	7,800	실내 뮤지엄	·덴마크 고유의 토착적 분위기 ·호수와 바다 사이를 이용 ·음악공연과 게스트 하우스 접목
	MG-11 마이트 재단		실내 뮤지엄	·공공재단이 설립한 조각공원
	MG-12 국립현대미술관 조각공원	33,000	실내 뮤지엄	·실내뮤지엄 진입부의 조각공원 ·자연을 배경으로 한 별도의 조각공원
	MG-13 가나 아트 파크	17,183	실내 뮤지엄	·세 개의 죤(zone)으로 조성 ·옥외공연장 구비
	MG-14 장욱진미술관 조각공원	6,506	실내 뮤지엄	·휴식을 겸한 조각공원 ·세 개의 죤(zone)으로 조성
	MG-15 모란미술관 조각공원	19,835	실내 뮤지엄	·조각 개관전으로 시작 ·네 개의 죤(zone)으로 조성
	MG-16 뮤지엄 산 조각공원	71,172	실내 뮤지엄	·브랜드(brand) 뮤지엄으로 조성 ·건물과 건물 사이에 조각공원 설치
	MG-17 조각미술관 바우지엄	4,452	실내 뮤지엄	·개인 작가 뮤지엄 조성 ·건물과 옥외 조각공원의 일치
가로 조각공원/ Street Sculpture Garden (SG)	SG-01 네벨슨 플라자			·주변 기업들의 기금으로 조성 ·조각가에게 전권을 부여한 사례 ·대중의 휴식을 겸한 가로 조각공원
	SG-02 워싱턴 추모 조각공장			·여러가지 추모공원이 컴플렉스로 조성 ·각기 성격에 따라 독특학 조성
	SG-03 시카고 디어본 가로 조각공원			·도심 건축숲속의 오아시스 역할 ·거리 악사들의 무대 역할 겸
	SG-04 머피 조각공원	13,760		·대학 캠퍼스에 조성된 사례
	SG-05 엠바카데로센터 덱크 플라자			·덱크프라자와 접목시킨 사례 ·보행자의 정서와 심미적 즐거움 제공
	SG-06 스트라빈스키 분수조각공원			·퐁피두 센터 부설로 니키드 생 팔과 팅글리의 움직이는 조각으로 조성

300 조각공원의 사례연구 / 340 조각공원의 유형별 사례특성 분석종합

유형별	사례명	대지규모 (m^2)	실내 뮤지엄 유무	특성내용
가로 조각공원/ Street Sculpture Garden (SG)	SG-07 티노 로시 가든			·도심 강변에 따라 조성된 가로 공원이자 조각공원
	SG-08 그랜드 아치 주변 조각광장			·라 데팡스 관문인 그랜드 아치 주변에 조성 ·도심 가로를 풍요롭게 한 사례
	SG-09 트레비 분수			·물이 공급된 기념으로 도심에 조성되어 도시의 랜드마크 역할을 함
	SG-10 바르셀로나 산업공원			·도심 공원 조성의 일환으로 ·바르셀로나가 항구도시임을 모티브로 조성
	SG-11 천안 아라리오 조각광장	8,000	실내 뮤지엄	·가로 광장에 조성함으로서 도시 문화 풍경 조성 ·개인 독지가의 뜻으로 도시 문화명소 조성

참고문헌

〈단행본〉
서민우 외, 21세기 새로운 뮤지엄건축, 기문당, 2014
서민우 외, 도시 문화 산책 - 미국편, 미세움, 2014
서상우, 세계의 박물관 미술관, 기문당, 1995
황록주, 내사랑 미술관, 아트북스, 2003
원대연, 여행 넘어서기, 플러스문화사, 1997
Sydney Lawrence & George Foy, Music in Stone, Scala Books, 1984
Sculpture in Public Places, 中央公論社, 1983
Francesca Cigola, ART PARKS, Prinston Architectural Press, 2013

〈논문〉
서상우, 조각공원의 도시환경적 역할, 1994, 국민대 조형논총 12집, pp.5-34
서상우, 복합박물관 단지 조성을 위한 기초적 연구-용산 미군기지 사후 이용 방안을 중심으로-
한국박물관건축학회 논문집 5호 2001: 11, pp.5-16
한국박물관건축학회, 용산기지 사후 활용방안, 한국박물관건축학회 2004년도 학술대회, 2004

〈보고서〉
대한건축사협회, 도시환경과 조형예술, 대한건축사협회 도시환경분과위원회, 1986
문화체육부, 국립중앙박물관 기본계획연구 보고서, 1995
한국박물관건축학회, 미국동부지역의 새로운 뮤지엄과 건축, 제 7회 해외학술답사 조사서, 2002

찾아보기

인물색인

강대철 83
강희덕 79
김광우 80, 83, 92
김대성 103
김성용 92, 153
김숙빈 103
김승림 92
김영원 80, 86, 108
김영중 112, 155
김인겸 83
김인경 100
김재환 153
김찬식 75, 148
김창희 155
김청정 79

노준길 91

다나카 76
다니엘 뷔렌 86
다카미치 107

리오바니 안셀모 85

문신 74, 110, 153
민복진 152, 153

박기옥 147
박석원 79, 101
박종배 79, 108
백승엽 101
뷔리 폴 75

사미 린탈라 87
세자르 74
심문섭 78, 93
심영철 106

아마라 76
안규철 93
안석용 105
안찬주 83
에릭 티트망 108
에코 프라워터 88
우제길 86
원인종 85
유영교 85, 86, 148
윤한수 91
이승택 89
이일호 112
이종각 79
이행균 103
이현우 104

정관모 95

정보원 105
조성묵 85, 86, 155
질 뚜야르 108

최기원 100
최만린 79, 155
최병춘 94
최은동 92

헨리 무어 158
홍성도 105
홍승남 93

Alberto Giacometti 36
Alexander Calder 30, 34, 50, 117, 123, 127, 132, 145, 176
Alexander Liberman 31, 157
Alexandru Arghira 75
Analdo Pomodoro 36
Andre Nagel 188
Anish Kapoor 44
Aristide Maillo 117, 123, 176
Armand Vaillancourt 178
Arman Fernandez 190
Auguste Rodin 117
August Rodin 123, 176

Carl Milles 56
CI Kim 191
Claes Oldenburg 34, 117, 137
Claes Oldenburg & Coosje van Bruggen 131

Damien Hirst 191
Daniel Buren 85

David Smith 32, 39, 117
Donald M. Kendall 34

Eduardo Chillida 51
Edward D. Stone 35
Evert Strobos 137

Francois Goffnet 35
Frank O. Gehry 43
Fuji-Sankei 63

Gaston Lachaise 117, 125
Georg Segal 34
Guiliano Vangi 67
Gustav Peichl 140
Gustav Vigeland 58

Henri Matisse 117
Henry Moore 36, 123, 125, 176

Isamu Noguchi 31, 119, 164, 176

Jaume Plensa 45
Jean Dubuffet 137, 174, 178
Joan Miro 123, 145, 176
Jonathan Borofsky 147
Joseph H. Hirshhorn 122
Josep Maria Subirachs 75
Judith Shea 132
Julie Beckman+Keith Kaseman 166
Junzo Munemoto 67

Kenneth Snelson 123
Kevin van Braak 101

Louise Bourgeois 50
Louise Nevelson 178

Marc Chagall 171
Mario Botta 54
Mark Dion 50
Mark di Suvero 127, 132, 157
Maya Ying 167
Menashe Kadishman 32
Mies van de Rohe 171

Nicholas Schoffer 179
Niki de Saint Phalle 54, 61

Pablo Picasso 117, 172

Ralph Ogden 30
Raymond Nasher 126
Rechard Deacon 127
Richard Serra 50, 127
Roger K. Lewis 46
Russell Page 35
Ryu In 151

Toshiki Shibahara 67

Vermont Hatch 30

William A. Rutherford 31
Willi Gufmann 180

Yaacov Agam 185

작품색인

1평 타워 87
4개의 움직이는 풍경 107
24 Studio 94

가나 아트 파크 149
가족 이야기 103
개화 85, 86
경계를 넘어 106
고양이 가족 153
광주 상무 조각공원 102
국립현대미술관 조각공원 146
굴렁쇠 91
그랜드 아치 주변 조각광장 184
그행열차-시대의 변 151
길 86
김포 조각공원 84
김해 연지 조각공원 105

나무들의 집 93
나셔 조각공원 126
네벨슨 플라자 164
노구찌 가든 119
노래하는 사람 147
노아의 방주-조각공원 54
노을공원 조각공원 77
누워 있는 인체 158

다도해의 바람 100
대나무 사원 88
대지의 아이들 103
대지의 여신 112
대화 76
데이비드 스미스 조각공원 39

도날드 켄달 조각공원 34
도전 79
독일연방 뮤지엄 140
두 개 벤취 위의 두 사람 158
디디에르 피우자 파우스티노 87

라 빌레트 공원 138
록펠러 조각공원 116
루이지애나 MoMA 142

마이트재단 조각공원 144
머피 조각공원 175
메신저 85, 86
모란미술관 조각공원 154
모자상 152
목포 유달산 조각공원 99
무제 153
무한공간 105
무한에 이르기까지의 여정 76
문신미술관 조각공원 109
물과 대지의 인연 108
뮤지엄 산 조각공원 156
미네아폴리스 조각공원 130

바다-파도 101
바르세로나 산업공원 188
박제된 자아 92
반기 조각공원 67
보이는 것 85
비겔란트 조각공원 58

사랑 75, 155
삶의 이야기 148
상하이 조각공원 70
생명 83

서로 바라보기 101
서울올림픽 조각공원 72
성공 192
소통을 위한 기념비 153
수원 올림픽 조각공원 81
숲속의 유영 85
숲을 지나서 85, 86
스톰 킹 아트센터 30
스트라빈스키 분수 조각공원 181
시간을 넘어서는 손 103
시애틀 올림픽 조각공원 48
시카고 디어본 가로 조각광장 170
시카고 밀레니엄 파크 42
신기루 88

아기와 엄마 153
아침 112
안산 단원 조각공원 90
안양 아트 파크 87
약속의 땅 79
양주시립장욱진미술관 조각공원 152
엄지손 74
에드와르도 칠리다 조각공원 51
엠바카데로센터 텍크플라자 177
연지 풍경 105
열림 75
영 93
예수상 95
오크랜드 뮤지엄 조각공원 134
올라가기 105
올림피아 74
왕두 88
용의 꼬리 89
우주를 향하여 4 110
움직이는 분수 75

워싱턴 추모 조각광장 166
은유 93
인천 대공원 조각원 93
잃어버린 조화/몰두 108

자매 92
자연 속에서 86
자연+인간 80, 92
자연+인간+우연 83
작품 O 155
적의 79, 101
전망대 87
정 148
제시 78
제주 조각공원 112
조각미술관 바우지엄 159
짜임 147

천안 아라리오 조각광장 190
천·지·인 3 79
최고의 순간을 위해 멈춘 기계 108

칼 밀레스 조각공원 56
크뢸러 뮐러 조각공원 136

타롯 조각공원 61
탄생 100
통영 남망산 조각공원 107
트레비 분수조각 186
티노 로시 가든 183

하꼬네 조각공원 63
하늘 기둥 75
하늘 다락방 87
하이힐 92

허공의 중심 108
헨리 무어 조각공원 46
홀로 서기 80
화 83
화1 110
화2 110
화3 110
화합 88 83
환경보고서-3·c 91
환상여인 155
힐쉬호른 조각공원 122

Arch 157

BL3 169
Black Window 117
Burghers of Calais 123
Button Flower 176

Chicago Picasso 172
Chrity 191
Chronos XIV 179
Cloud Gate 43
Cloud Gate-Bean 44
Crown Fountain 44
Cubi X 117
C 아트 뮤지엄 95

Double Oval 36

Eaglr 50
Endress Column 31
Eviva Amore 127

Father & Son 50

Figure No.2 123
Flamingo 171
For Gerald Manley Hopkins 157
Four Trees 164

Garden Elements 176
Geometric Mouse 117
Giant Trowel Ⅱ 34
Grande Arche 184
Grand Fountain 178

Hat's off 34
Home 94
Humptulips 145
Hymn 191

Iliad 31
Image 2 191

Jardin d'email 137
Jay Pritzker Pavilion 43

King and Queen 125
Korean War Veterans' Memorial 169

Labyrinth 145
La Chiffonniere 178
Large Standing Women 36
Like a Bird 127
Lunar Bird 123

Mere Ubu 176
Messenger 92 155
Millions of Miles 190
Molecule 132

Momo Taro 31
Monumental Fountain 185
Monument with Standing Beast 174
MVRDV 87
My Curves Are Not Mad 127

Nanji Aurora 79
Needle Tower 123
Neukom Vivarium 50

Octopus 132

Palissade 137
Pentagon Memorial 166

Red Cube 164

Scale A 117
She-Goat 117
Six Dots Over a Mountain 123
Sky Tree 178
Spoonbridge & Cherry 131
Standing Woman 117, 125
Stone garden 158
Suspended 32

Tal Streeter 31
The Arch 30
The Fork 145
The Four Seasons 171
The Gate 104
The Nymph 123
The River 117
The Spinner 132
The Walking Man 176

Three Bollards 127
Three People on Four Benches 34
Torso 176
Triad 36
Trowel 137
Two Columns with Wedge 180
Two Discs 123
Two-Piece Reclining Figure 176

Vietnam Veterans' Memorial 167
Vision 21 94

Wake 50
Wind Combs 53
Without Words 132

XI Books III Apples 32